纺织服装"十三五"部委级规划教材

# 服装创意面料设计

第三版　　杨 颐 编著

东华大学出版社·上海

**图书在版编目（ＣＩＰ）数据**

服装创意面料设计／杨颐编著 . — 3 版 . — 上海：东华
大学出版社，2020.8
ISBN 978-7-5669-1716-4

Ⅰ.①服… Ⅱ.①杨… Ⅲ.①服装面料－设计 Ⅳ.①
TS941.41

中国版本图书馆 CIP 数据核字（2020）第 025862 号

责任编辑：谢　未
装帧设计：王　丽

**服装创意面料设计（第三版）**
Fuzhuang Chuangyi Mianliao Sheji

编　　者：杨　颐
出　　版：东华大学出版社
（上海市延安西路 1882 号　　邮政编码：200051）
出版社网址：dhupress.dhu.edu.cn
天猫旗舰店：http://dhdx.tmall.com
营销中心：021-62193056　　62373056　　62379558
印　　刷：上海万卷印刷股份有限公司
开　　本：889mm × 1194mm　　1/16
印　　张：8
字　　数：282 千字
版　　次：2020 年 8 月第 3 版
印　　次：2025 年 1 月第 4 次印刷
书　　号：ISBN 978-7-5669-1716-4
定　　价：55.00 元

# 目 录

# 前　言

　　创意面料设计课程是为适应国际时装与纺织品设计潮流以及实际设计需要而开设的。本书的内容涵盖了创意面料设计产生的背景、概念与实践意义、主要的技法介绍、寻找设计灵感的途径、国际服装设计大师作品解析、主题作品欣赏等。讲解过程中图文并茂，针对各个环节的内容配有实例图片，其中的技法与构思可供学生与从业人员参考、借鉴，有助于启发读者的设计灵感，培养设计意识，提高专业素质。

　　现代艺术设计的核心在于培养创造力，设计教育目标是引导学生自己独立研究、发现规律、完成设计方案。在高速发展的现代社会中，知识和资讯每隔几年就会被更新替代，教会学生掌握思考的方法和更新知识的能力要比教会他们某些具体的知识和技能更有实际意义。本书是作者对自身设计过程中的思路和体会以及如何引导学生进行创意的一些方法的总结与归纳，从构思到最后出版，经历了两年多的反复整理和修改。在此特别感谢在采集资料和编写过程中广州美术学院染织艺术设计专业的老师和各年级同学们的支持，特别是曹影、孙伟英、苏建激、伍尚霞以及郭美恒等同学的热情投入，为本书增添了色彩，在此表示衷心的感谢！希望本书中的实践和探讨对服装及纺织品设计课程的教学与实践具有参考意义。

编著者

2020 年 1 月

# 1

# 第1章 服装创意面料
# 设计产生的背景

## 1.1 服装消费心理的变化

　　服装是一种文化现象，每个社会和不同的时期，人们日常着装都反映着人们的文化心理和生活情趣。随着现代社会的发展和生活方式的变化，年轻一代的自我意识日趋加强，不愿意盲目地追随他人，强调自己所具有独特性、优越性、重要性。作为未来时装消费的主力群体，他们的审美心理和消费观念就逐渐为服装设计师和服装从业者所研究和关注。

　　在现在高度工业化和机械化的社会，每天都生产着大量千篇一律的服装产品。许多青年人不甘于自我的形象被淹没，失去个性，开始用"DIY"（英文DO IT YOURSELF的缩写）展示自己的个性魅力。自己动手改变服装，对服装局部进行装饰改造也逐渐成为青年人中的一种时尚行为。为了迎合上述年轻一代的"DIY"心态，设计师开始把设计关注重点从服装造型转向服装的材料与装饰（图1-1、图1-2）。

图1-1 年轻人中流行的DIY服装

图1-2 院校的DIY服装比赛

## 1.2 国际国内时装发布及大型比赛趋势

　　国际国内时装发布及大型时装比赛永远是时尚媒体关注的焦点。国内时装行业起飞到发展已近30年，从国际国内时装发布及大型服装比赛的趋势中，我们可以发现：20世纪80至90年代年中后期，时装的设计重点是落在服装的造型、裁剪和整体的风格搭配上，进入2000年以后，设计师们把时装的设计重点放在了服装面料再造设计，通过材料与整体制作工艺的完美结合来体现设计的主题和灵感。这种服装设计的趋式对于年轻设计师设计思维的启发和引导，起着风向标式的示范作用，同时也对追求时尚潮流的消费者的审美观和购买行为起到了潜行默化的影响。这种逐渐为大众接受的市场状况反过来又更加推动了时装天桥上的面料再造设计趋势。

1. 服装创意面料的国际潮流（图1-3～图1-12）

  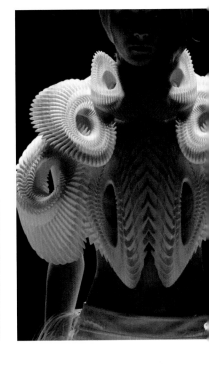

图1-3～图1-8 国际潮流服装创意面料作品

服装创意面料设计

图1-9～图1-12 国际潮流服装创意面料作品

2.国内院校对创意面料设计的探索（图1-13～图1-34）

近年来，国内的服装院校为适应国际潮流与实际需求，在服装设计与纺织品艺术设计专业相继开设了创意面料的课程，只是在叫法上存在差异，如创意面料设计、面料设计与再造、二次面料设计等，对创意面料设计的发展做了重要探索。

图1-13、图1-14：用面料做立体构成效果，在里面安装LED光源，增添服装设计的科技感。

图1-15、图1-16：编结工艺的运用使面料形成波浪效果，增加了纯白色礼服的层次感。

图1-13～图1-16 服装创意面料作品

服装创意面料设计

图1-17、图1-18：彩色棉线做成漩涡状的造型，构成服装的设计特色。

图1-19、图1-20：颜色深浅不一的毛毡切割出枫叶的造型，组合运用在服装上营造一种落寞深秋的印象。

图1-17～图1-20 服装创意面料作品

图1—21、图1—22：用绵纸及棉纤维直接在人体模特上塑型，产生凹凸起伏的肌理效果。

图1—23、图1—24：用金属螺丝来固定编织的皮革，表达服装设计追寻的前卫印象。

图1—21～图1—24 服装创意面料作品

服装创意面料设计

图1-25、图1-26：在故意破坏和做旧效果的面料上用电脑绣线自由地车辑，形成特殊的肌理效果。

图1-27、图1-28：在平整的亚麻棉料上采用手工毛线编织工艺，配以散落的木珠，点线面的运用、材料质感的对比等形成优美的韵律。

图1-25～图1-28 服装创意面料作品

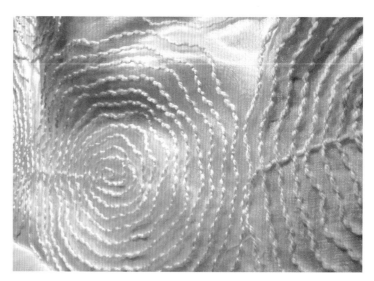

图1-29、图1-30：用较粗的丝线在纯白色面料上绣出圆形纹样，增添服装表面的质感对比。

图1-31、图1-32：用彩色胶片镶嵌在白色皮革上，做成各种几何形状，形成服装的立体造型，给人以现代科技的印象。

图1-29~图1-32 服装创意面料作品

服装创意面料设计

图1-33、图1-34：该系列服装以扣子作主题，每件服装采用不同形态的钮扣，大量的钮扣钉坠在面料上形成该系列服装的装饰特征。

## 1.3 服装品牌经营的差异化趋势

环视现在市场上的众多服装品牌现状，我们会发现，中国女装行业在经过了前几年的高速发展以后，优胜劣汰的市场竞争愈演愈烈，大多数所谓专卖店的产品趋于同质化，风格、款式、面料、装饰工艺都大同小异，使人很难从概念上对一些品牌加以区别，并由此导致了在市场上的同质化竞争。如何发掘和创造自身的品牌文化？怎样将创意主题融入在整体的产品，再渗透到终端的每一个细胞里，从而形成自己独特的、他人难以模仿的产品风格？怎样在年复一年的设计生涯中保持长盛不衰的创造灵感和热情？这些问题是服装设计师们关注和思考的重要课题。

在服装产品开发设计领域，服装设计师们已经开始了新的探索。服装款式和造型的刻意追求在渐渐淡化，时尚潮流转而崇尚舒适随意、单纯简练的裁剪。但是服装式样的大同小异很容易使服装消费者感到厌倦，服装设计往往在面料的创新运用上寻求突破，运用各种技术手段改变面料的外观，在服装的局部进行装饰，使单调的造型具有艺术性和生动性，吸引消费者的注意，并逐渐成为一种独特的服饰风格。

图1-33、图1-34 服装创意面料作品

## 1.4 创意面料在其他设计领域的运用趋势

随着创意面料在服装设计领域的流行，与面料设计有紧密关联的家纺产品设计、家具设计、服饰品设计等都将创意面料运用作为设计的亮点。

## 一、创意面料在家居产品设计中的运用

家居潮流与趋势的预测与相关的资讯主要来源于每年定期举行的几个主要的国际家居产品展会，如巴黎家居装饰博览会（Maison et Objet）、法兰克福家用纺织展（Heimtextil）、米兰国际家具博览会、比利时布鲁塞尔家用纺织品面料博览会、科隆国际家具展等。在近几年的博览会中，我们可以发现，家纺产品设计中越来越多地运用创意面料来凸现设计主题，创意面料也逐渐成为家纺面料的流行趋势（图1-35～图1-42）。

图 1-35～图1-42 创意面料在家居产品设计中的运用

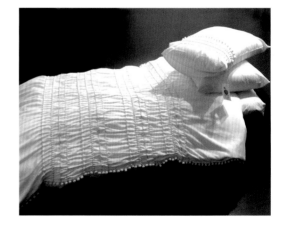

服装创意面料设计

## 二、创意面料在服饰品设计中的运用

　　现代社会的发展和生活方式的变化改变了人们的审美心理和消费行为，善于观察生活的设计师们捕捉到了潮流的趋势，采用各种装饰的手法使服装和各种生活用品化平淡为神奇，将创意变为实实在在的产品推出市场，得到消费者的青睐。服饰品设计中创意面料的运用也越来越广泛（图1-43~图1-51）。

图1-43~图1-51 创意面料在服饰品设计中的运用

# 第 2 章 创意面料设计的
# 概念与实践意义

## 2.1 服装创意面料设计的概念

　　服装创意面料设计就是对服装材料的创新运用，其概念有两层意思：第一，从设计表现形式的角度讲，服装创意面料设计是设计师按照自己审美或设计的需要对服装材料进行的创新运用，赋予传统织物新的印象和内涵，提升面料的表现力，重塑面料的新形象；第二，从技术加工层面上说，服装创意面料设计是设计师在现有的面料或纤维材料基础上，对面料进行加工改造，即对面料进行轧褶、绗缝、镂空、机绣、贴布、勾针、编结等特殊工艺手法加工，使其产生前所未有的视觉效果和独特的艺术魅力（图2-1、图2-2）。

图2-1、图2-2 服装创意面料的艺术魅力

## 2.2 开设服装创意面料设计课程的必要性

### 一、现有纺织产品的局限性

　　服用面料是服装设计的三大基本要素之一，是服装存在的物质条件。在极力提倡"原创设计"概念的今天，服装的艺术设计要体现丰富的思想内涵，独特而具有艺术品质的面料是不可缺少的创作材料。然而，现在国内的服用面料企业的生产大部分是以中低端实用型产品为目标和导向，大多数没有专门的设计开发部门，即使有，其纺织品设计人员多数是织造染整的专业背景，对服装营销领域、服装艺术设计与面料生

图2-3~图2-5 服装创意面料的艺术内涵

产的互动关系等方面的知识不足，在这种情况下导致面料毫无新意，无法充分体现设计师的设计思想，不能满足服装设计的需要。要达到面料的结构功能与艺术设计的结合，服装材料的开发设计要有服装设计师的参与，从艺术设计和市场运营的角度开发产品，赋予面料丰富的艺术内涵和市场前景（图2-3~图2-5）。

## 二、创意面料设计的商业价值

面料是一种产品，而具有艺术效果的面料是一种极具创造表现力的艺术设计作品。从时装发布会和各种时尚媒体中，可以发现许多充满创意的服装采用面料再造设计，但是这些独一无二的设计又是怎样变成生活中的服装商品呢？创意的服装转变为商品是服装行业各个环节的商家共同运作的结果。

### 1.服装面料的商业运作

在国际服装面料展会上，设计师把他们的创意面料应用于时装设计，并在发布会上造成了一定的影响。随之，面料开发商也进行了尝试性的生产开发。在国际面料博览会的展厅上，面料代理商会把最新的创意面料挂在显眼的位置以吸引客户的目光，以此宣传自己品牌的设计研发能力和品牌创新能力。同时，许多世界各地过来收集资料的服装设计师，也会被这些新奇的面料激发设计灵感，进而订购选用以制作服饰成品推出市场。由此可见，配套的销售环节和成熟的商业运作很快可以使这些创意十足的再造面料成功推向市场，并获得可观的收益。

但是，与国外面料及服装行业的成熟运作机制相比，国内的纺织企业缺乏较好的市场引导和产品定位，纺织服装材料在自主品牌建设、产品原创和高附加值面料的开发方面相对滞后，行业大多处于粗放式经营，大部分纺织面料产品在中低档定位中徘徊，产品同质化严重，企业只有压低价格竞争，恶性的经营生态严重阻碍了行业的整体发展。纺织产品的结构调整和产业升级势在必行，创新面料和工艺的开发设计也就成为服装行业生存与发展的突破点。

### 2.创意面料的商业价值

在国内的服装品牌中，有的已经开始尝试在产品上进行创意面料和工艺的开发设计，并以独特的面料观感和服装风格赢得消费者的青睐。如一直以浪漫田园风格为品牌风格的犁人坊，品牌成立以来一直坚持以几个素色系列、碎花的天然纯棉麻布为产品的主要材料，款式大体保持欧式乡村造型风格。该品牌在刚推出和推广的几年，由于市场定位和营销管理的到位，企业短期内迅速发展。随后几年，简单造型的设计手法和高利润的产品价格使市场上出现大批相似风格的品牌。为了保持突出的品牌个性和拓展市场空间，犁人坊开始在平淡无奇的素色面料上做许多类似手工DIY的工艺装饰，随后探索出一系列独特的装饰工艺，如将刺绣、独幅印花、镂空雕饰等相结合，用于服装的局部装饰，同时也尝试采用一些市场上的创意面料。结果，犁人坊成功地保持了品牌的独特风格并保持稳固的市场地位。这是DIY式的创意面料成功实现市场价值的例子。这类特色品牌的还有以稍带中国少数民族风情的"渔"牌，更多的其他服装品牌是在原有系列上增添部分以独特面料和局部再造装饰为卖点的产品系列，如马克·华菲、艾格、江南布衣等休闲品牌。除了服装品牌产品外，运用创意装饰手法的还有许多以民族扎染和手工刺绣等工艺为特色的服装以及现在都市流行的各式时尚手袋、头饰和围巾等等。

## 三、 服装创意面料设计的研究现状

### 1. 面料生产商家自发性的设计

独特的创意面料工艺已经形成一种新的服装风格，创意面料的开发受到纺织服装业界的关注。探讨创意面料的设计方法与工艺手段，为增加传统面料的附加值提供原理、方法与实践依据，也成为业界的一个新课题。近10年来，从中国国际服装博览会、中国出口商品交易会、大连国际时装节等各种时尚服装、面料展会和交易会上可以发现，面料的创意设计与加工已成为面料展会上的亮点。从纱线、面料生产商到从事服装和饰品开发的许多企业，都尝试在增加面料的艺术含量上寻找新的设计突破口。

在广州国际纺织面料市场，有许多小型的面料再加工企业专为服装设计提供特色加工服务。这些面料企业一般会联合几家不同加工工艺的厂家，如电脑绣花厂、印染厂、电脑雕花公司或专门做热压褶皱的加工厂等，先研发出某几种工艺处理过的面料样品，然后再根据服装公司要求的具体花样、色彩来订制面料。有时，设计师为了创造独特的面料效果，还可以找好面料坯布分头到不同加工厂按设计构思来再加工面料。在这种设计师和面料上相互合作过程中常常会产生出许多新的特殊效果的面料。但是，这种市场上由小型加工厂自发的面料再加工研究和偶然开发的产品在服用功能、手感和视觉效果上都有很多缺陷，产品价格始终处于中低端位置，而结合产品服用功能和视觉效果的新型面料大多还是依靠进口。

### 2. 时装设计师对创意面料的探索

在高级时装设计领域，国内的许多设计师也在尝试创意面料设计的探索。在这几年的高级订制服装发布会上，许多著名服装设计师都不约而同地采用多工艺综合的设计手法，通过面料的丰富视觉肌理来表现设计主题，如：祁刚的《阁楼》系列作品，以中国元素的亭台楼阁为创意主题，在各类真丝材料上做手绘、喷绘的色彩渐变，再用钉珠、刺绣以及层层叠叠的蕾丝薄纱作装饰，灵活运用各种面料再造的手法来表现月影、花卉和亭台楼阁的四季景色。郭培在其"轮回"为主题的系列高级时装中，将皇家宫廷绣花技法、印度的金线绣和日本的现代刺绣技法巧妙地结合在一起，层叠的钉珠、丰富多彩的手工绣花和行云流水般的流苏线条组合出华美震撼的服装效果。除了以上两位设计师，许多涉足高级订制时装设计的著名设计师都对面料进行再造设计。从某种角度上说，现在的高级定制时装设计首先是设计面料，然后才是设计服装。

### 3. 创意面料设计在设计师与面料生产商家的互动中发展

纯手工DIY的面料设计从面料到款式的设计往往花费服装设计师巨大的时间和精力，这种手法通常用在一些实验的样品、单件的高级订做礼服或时装比赛的表演服的设计上；在设计市面销售的服装产品时，设计师可以将自己设计的创意面料小样拿到市场，借助机械化手段加工实现小批量生产；同时，面料生产商家会应运市场需求的变化，不断探索新工艺，从而开发出新的面料效果。服装设计师可以参考各种面料处理的效果来构思服装的造型和款式，在面料市场上直接挑选一些已经过二次设计的具有特殊表面效果的面料进行设计。因此，创意面料设计已经在设计师与面料生产商家的互动中发展。

创意面料在市场上有两种形式：整批加工的二次设计面料和以件料形式加工的二次设计面料。

（1）常见的整批加工的二次设计面料工艺

1）电脑绣花

电脑绣花工艺非常多，除了普通的批量化的刺绣外，还有很多特殊的绣花工艺类型，如贴布绣、绳绣、鸽眼绣、钉珠绣、绗绣等等，由于各种工艺可以变换不同的材质和辅料，因此市场上可以找到非常丰富的二次设计的面料（图2-6～图2-13）。

图2-6 电脑绣花

图2-7 鸽眼绣

图2-8 手工贴布绣

图2-9 电脑贴布绣

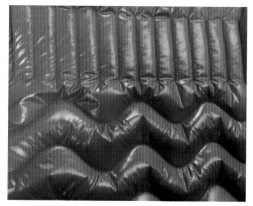

图2-10 电脑绗缝绣

图2-11 锁链绣

图2-12 电脑珠片绣

图2-13 缠绕绣

2) 机器压褶

使用不同压力的轧辊对织物进行压轧以获得波纹效果的工艺,有排褶、工字褶、太阳褶、牙签褶、人字褶、钻石褶、波浪褶等,可形成不同形式的立体表面肌理,花样繁多,具有奇异而强烈的视觉和触觉效果（图2-14～图2-19）。

3) 激光雕花

以激光为工具,由电脑排版并自动控制激光裁剪切割,与布匹无接触,切割、锁边一次完成,这种工艺适用于聚酯或聚酰胺含量较高的面料,激光可使这类面料裁剪的边缘轻微熔化,形成了一种不会散边的熔接边缘,裁剪的边缘可以不加任何处理,实现无修剪止口和不折边的效果,使用雕花工艺就可以直接在底布上镂空出各种精致的花纹（图2-20～图2-23）。

图2-14～图2-19 机器压褶

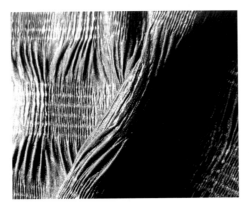
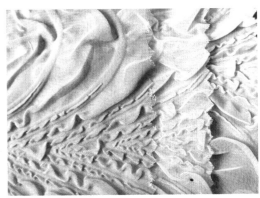

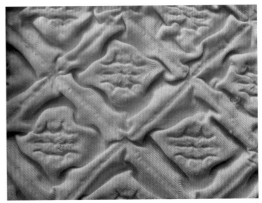

图2-20 激光雕刻后再手缝

图2-21 激光雕刻后再镶嵌

图2-22 激光雕刻后再镶嵌

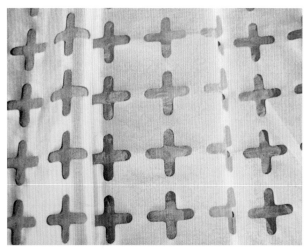

图2-23 激光雕花

4）特殊烫印

烫印是指通过烫印机将附着在烫印纸上的材料纹样等转移到面料表面，从而获得精美的图案的一类工艺。常用于热烫植绒、热转移、烫钻、烫片等装饰效果（图2-24～图2-29）。

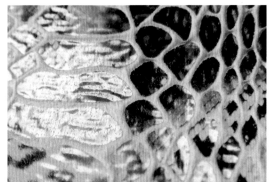

图2-24 涂层胶印

图2-25 植绒印花

图2-26 金银粉印花

图2-27 涂层印花

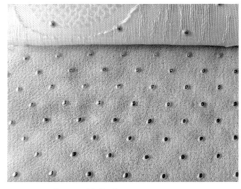

图2-28 金属颗粒印花

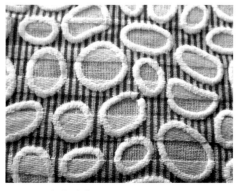

图2-29 发泡胶印

5）机器冲孔、压纹

机器冲孔是利用特殊的机器对面料进行冲孔或压纹加工，用于加工的面料一般要求材质比较硬挺、不易脱纱起毛边，如皮革、塑料、PU、牛仔布等等（图2-30～图2-33）。

6）其他

市场上的创意面料常常会有流行趋势，在某段时期也许会由于一些新的工艺技术的发明或成熟，亦或是某种时尚的潮流而一时兴起某种工艺效果。但是，各种工艺与不同面料材质的组合变化万千，总会有更多新奇的面料让设计师们爱不释手（图2-34～图2-43）。

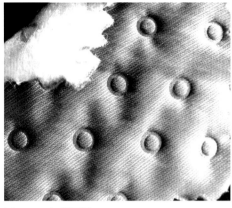

图2-30 机器压纹

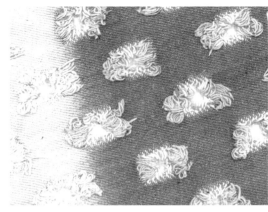

图2-31 机器冲孔后洗水造旧

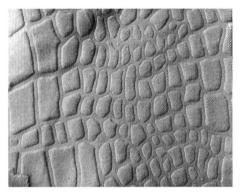

图2-32 机器压纹

图2-33 机器冲孔与电脑绣结合

图2-34 复合材料：低捻纱线粘贴

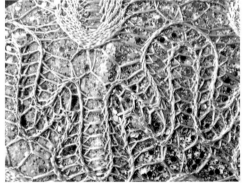

图2-35 复合材料：金银粉印面料与蕾丝结合

图2-36 复合材料：二层提花针织面料剪破后印金

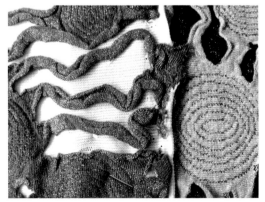

图2-37 复合材料：两层针织料用电脑绣缝合后剪破，再洗水造旧

服装创意面料设计

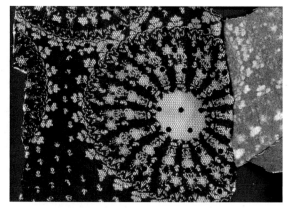

图2-38 植绒网纱与水洗牛仔布结合

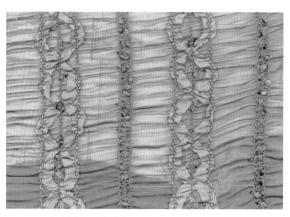

图2-39 打缆与绳绣结合

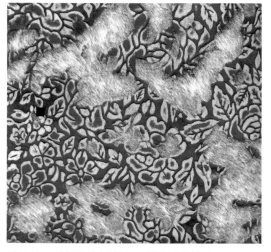

图2-40 皮革轧纹与印花、植绒工艺结合

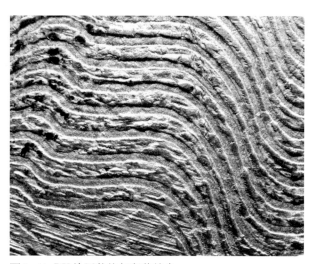

图2-41 PU涂层轧纹与印花结合

图2-42 电脑绣花与手工剪结合

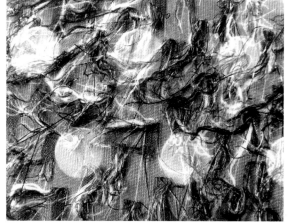

图2-43 烂花与印花结合

图2-44 件料加工

(2) 件料加工

所谓件料加工是指面料市场上有许多具有加工能力的商家,他们会为设计师提供一些已经做好特殊工艺效果的现成的服装衣片,一般是用在上衣的前片,设计师可以根据半成品衣片进行款式再设计。这种衣片通常会按照材料的成本、工艺的特殊性、复杂程度按单片定价。这种加工服务的商家通常也可以由设计师提供设计材片的样品来样加工,这样就使设计师独一无二的创意作品实现批量化生产,变成消费者可以购买到的商品 (图2-44)。

面料和服装的创意设计与开发离不开设计师的天才构想,绚丽的设计作品单凭一时的灵感火花是无法完成的,再有才华的设计师也会被年复一年的常态工作磨灭激情。如何寻找设计灵感? 怎样着手创意设计,将各种奇思妙想转化成实实在在的创意产品,进而使创意转化成商业利润? 这些构思和作品的制作需要设计师具备无限的创意思维和科学有效的设计程式来实现。同时,对创意面料设计的各种技法应重点掌握,并勇于创新,打破思维的界限,要善于发现新材料、新方法与工艺, 使设计出的作品充满艺术魅力。

# 第3章 创意面料设计
# 的技法介绍

## 3.1 传统技法

### 一、绣花

　　绣花又称为刺绣,就是用针将丝线或其他纤维纱线按设计的花样在绣料(底布)上穿刺,缝线的针迹构成一定的彩色图案和装饰纹样。刺绣是一种传统手工技艺,世界上许多国家和民族都有自己独具特色的绣花技法和手艺,但基础技法万变不离其中,这里介绍几种非常简单且比较常见的基础绣花技法。

图3-1 刺绣工具

　　1.基础针法(图3-2~图3-16)

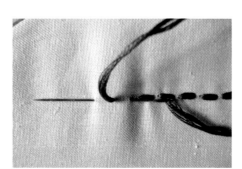

图3-2、图3-3 平针

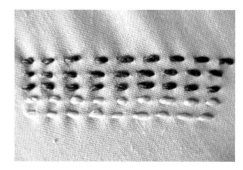

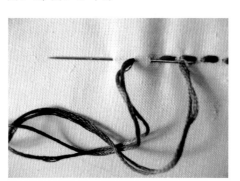

图3-4、图3-5 回针

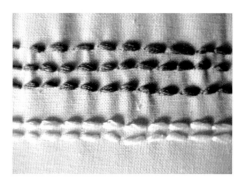

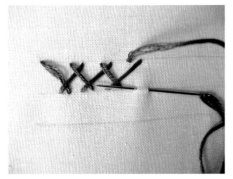 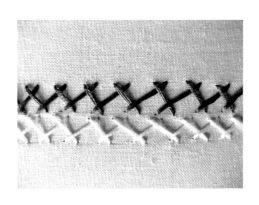

图 3-6、图 3-7 交叉针

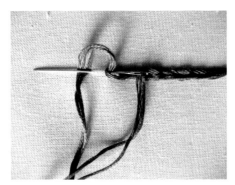 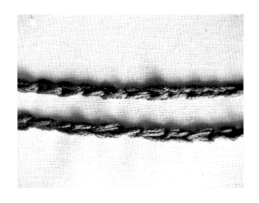

图 3-8、图 3-9 锁链绣

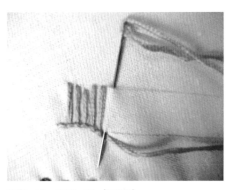 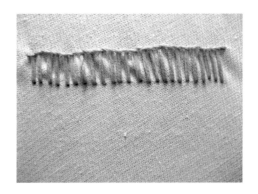

图 3-10、图 3-11 扣眼绣

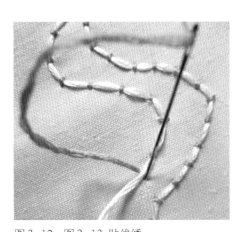 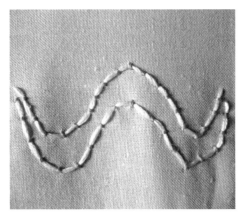

图 3-12、图 3-13 贴线绣

服装创意面料设计

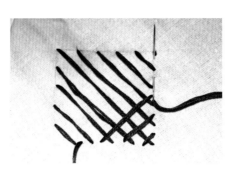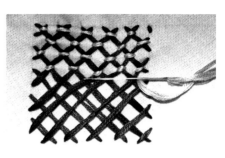

图3-14～图3-17 网格绣

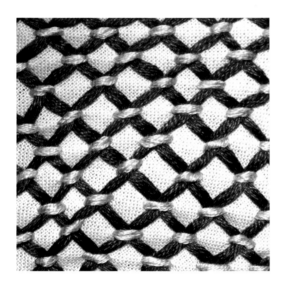

## 2.珠绣（图3-18～图3-21）

图3-18、图3-19 珠片绣

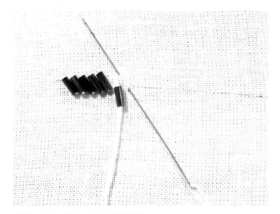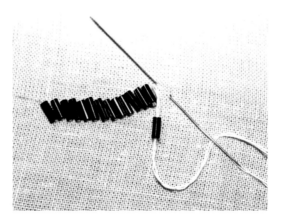

图3-20、图3-21 管珠绣

## 3. 丝带绣（图3-22～图3-31）

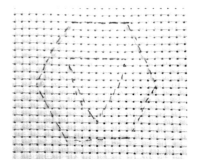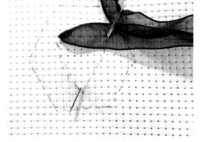

图3-22～图3-25 单玫瑰绣

图3-26～图3-28 雏菊绣

图3-29～图3-31 直角织纹绣

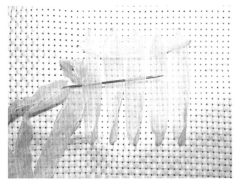

4.贴布绣（图3-32~图3-35）

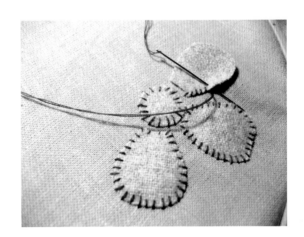

图3-32~图3-35 贴布绣

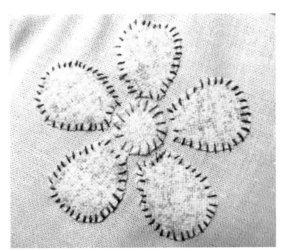

## 二、绗缝

　　缝制有夹层的纺织物时，为了使外层纺织物与内芯之间贴紧固定，传统做法通常是用手针或机器按并排直线或装饰图案效果将几层材料缝合起来，这种增加美感与实用性的工序称为绗缝。

　　**1. 基础绗缝技法（图3-37～图3-43）**

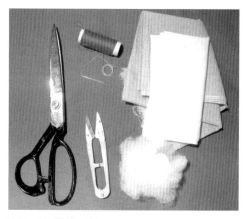

图3-36 绗缝工具

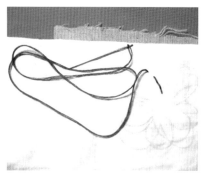

图3-37～图3-39 第一步

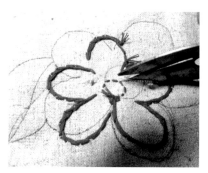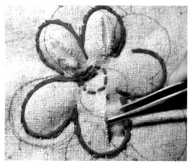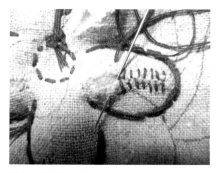

图3-40 第二步　　　　　　　　图3-41 第三步　　　　　　　　图3-42 第四步

图3-43 正面效果

第一步：用回针将上下两层面料按设计图案缝合；

第二步：剪开底层的面料；

第三步：填入棉花或填充料；

第四步：缝合底层的面料剪口；

图3-43为正面效果。制作产品时通常在表面效果绗缝好后，在面料底下覆盖一层里子用以遮盖底层的面料剪口。

## 2．创意绗缝

绗缝的材料不必局限在传统做法，可以利用多层材料的叠加效果，或者利用绗缝的线迹做装饰，只做缝合不夹棉等各种方法都可以尝试（图3-44～图3-47）。

图3-44（作者：杨晶）

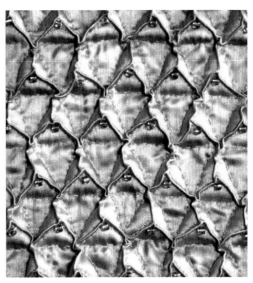

图3-45（作者：谢冰）

图3-46（作者：孙伟英）

图3-47（作者：卢桂芝）

图3-44：学生试验过程中无意间翻看食谱，参考其中的芝麻汤圆的图片得出灵感。随后在市场上找到一块表面有银色亮片的透明针织弹力面料，在两层面料中手工夹缝棉絮，再钉上珠管，模仿白色汤圆和芝麻浮在面上的感觉。

图3-45：学生在做绗缝工艺试验中不满足于单调的格子式填充，试图在三角形上面缝出一条棱边，增加珠子，呈现出建筑屋顶的效果。

图3-46：在表面的皮料和底层面料上缝好格子定位，然后在底层面料剪口填入棉花，缝好。最后于皮

料上喷色、钉缝珠子。

图3-47：变换了夹棉的材料，改为几粒小珠子，在晃动面料时小珠子可以随之在方框中滚动，形成动态的效果。

## 三、抽缩

抽缩工艺是一种传统的手工装饰手法，在一些介绍装饰工艺技法的书上又称为面料浮雕造型。其做法是按一定的规律把平整的面料整体或局部进行手针钉缝，再把线抽缩起来，整理后面料表面形成一种有规律的立体褶皱。课堂上示范传统的抽缩和打揽制作方法，要求学生先做传统的实验，然后再在上面做增加或减少的变化设计。

### 1．基础抽缩工艺

第一步：按设计图形在面料上标记针点的位置（图3-48）；

第二步：用针线将预先画好的点连接并抽缩在一起（图3-49）；

第三步：整理效果后，在菱形中间订上珠子作装饰（图3-50）。

图3-48～图3-50 基础抽缩工艺

服装创意面料设计

## 2.抽缩创意效果（图3-51～图3-55）

图3-51（作者：杨颐）

图3-52（作者：易晶）

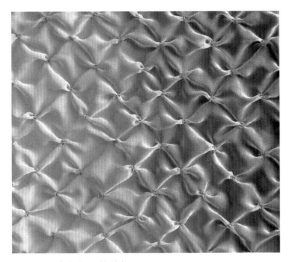

图3-53（作者：苏能）

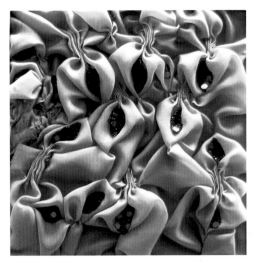

图3-54（作者：何飞宇）

图3-51：先用衣车将半透明、较硬挺的柯根纱面料辑出规则的褶，再在设定好的位置分别按正反两边压倒，用明线手工钉缝抽缩。

图3-52：用较硬挺的透明柯根纱面料，制作时较均匀地揪起面料，放入装饰用的彩线后，再用细丝扎紧，整理成型后形成随意的立体效果。

图3-53：采用透明的雪纺面料，用传统抽缩工艺制成后在表明加上一点钉珠，产生变化效果。

图3-54：使用较硬挺的面料，钉缝较自由，形成的立体造型也较随意，加上嵌入的闪光装饰材料钉坠，使创意面料的效果更具有层次感。

图3-55：学生选用了带有光泽的色丁面料，用传统打揽的钉缝工艺，造出仿似水波纹的效果。

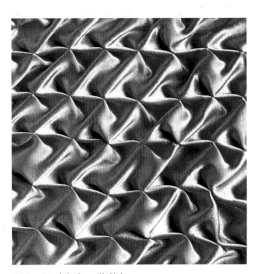

图3-55（作者：苏能）

## 四、毡艺

羊毛具有一种天然的特性——遇热水后收缩，在外力挤压下会粘结成非常结实厚重的毛毡。毡艺就是利用这种特性，通过辊碾或密集的针戳使羊毛呈现出不同的造型效果。传统的毛毡配以彩色的绣花，形成许多游牧民族独具特色的毡绣工艺。图3-56～图3-65是手工辊毡工具与过程示意图。

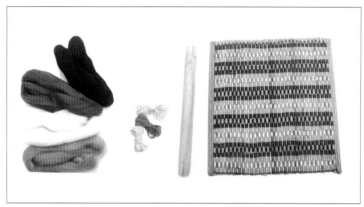

图3-56 材料与工具

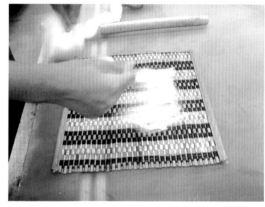

图3-57 第一步

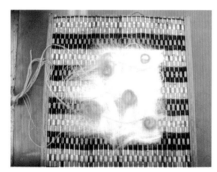

图3-58 第二步

图3-59 第三步

图3-60 第四步

图3-61 第五步

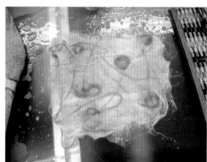

图3-62 第六步

图3-63 第七步

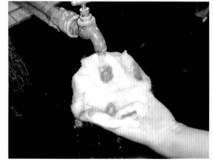

图3-64 第八步

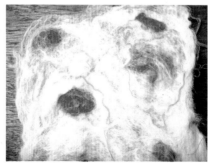

图3-65 第九步

服装创意面料设计

材料与工具：各色羊毛、擀面杖、卷笔帘、醋、洗衣粉。

第一步：撕扯羊毛纤维，平铺在卷笔帘上，可以横竖交叉铺上多层，以达到设计需要的厚度；

第二步：在铺好的底层羊毛上添加彩色的羊毛或者其他装饰材料，如叶脉、羽毛、丝线等；

第三步：在铺好的装饰材料上面再铺上一层羊毛，将装饰材料夹在中间；

第四步：用温肥皂水打湿材料（把一勺洗衣粉放入500毫升的温水里溶解即可）；

第五步：将笔帘卷起来，反复多次用力搓滚，目的是使羊毛收缩粘合；

第六步：展开后用手轻轻牵拉纤维，观察羊毛是否已经粘结在一起；

第七步：用手在羊毛毡面上反复揉搓，使羊毛表面的纤维紧紧黏合；

第八步：把一杯白醋倒入半盆清水中搅匀（约1：40）；将做好的毛毡先冲洗掉残余的肥皂水，放入盆中浸泡10分钟，随后再用水冲洗干净；

第九步：晾干。

## 五、编结

### 1．基础编结

编织是将经纬纱（线）穿插交叉掩压形成网状平面，如传统的草席、竹篮、地毯的制作就是采用编织技法（图3-66～图3-69）。

编结工艺是用一根或者若干根纱（线）以相互环套的形式编结而成网状材料。例如手工钩花，绳编等（图3-70～图3-73）。

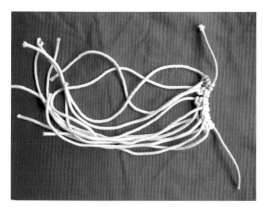 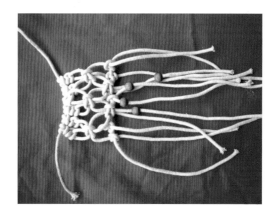

图3-66～图3-69 编结

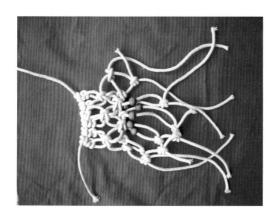 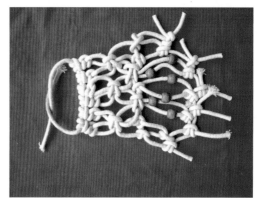

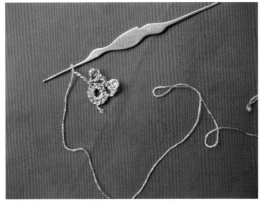
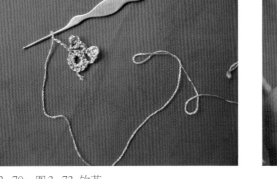

图3-70~图3-73 钩花

## 2．创意编织工艺效果

下列图中的工艺是在传统的手工编织基础上，采用疏密对比、穿插掩压、粗细对比等手法，在编织平面上作实验，形成凹凸、起伏、隐现、虚实的浮雕般艺术效果（图3-74～图3-78）。

图3-74（作者：李伟琼）　　　　　　　　图3-75（作者：李双双）

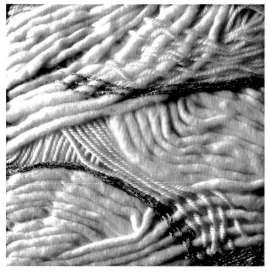

图3-76（作者：肖雪）

图3-77（作者：陈玉冰）

图3-74：采用传统草席的编织手法，部分材料采用夹棉填充，织物表面形成立体蓬松的节点，产生有节奏、凹凸的浮雕般效果。

图3-75：采用编结的手法，用浅色细绳缠绕彩色纸绳，并在编结过程中穿入木珠，点线结合，形成疏密有致的节奏变化。

图3-76：利用毛线的相互穿插编织，使织物表面的造型和肌理形成疏密对比、曲线流畅的艺术效果。

图3-77：用透明的丝带和竹篾替代了传统的毛线，突显出立体起伏的效果。

图3-78：选用透明丝带作经纬线，用传统的编织手法织出平面，再使用加法设计，用手针在表面上增加亮片和珠子，形成晶莹亮丽的格子状装饰效果。

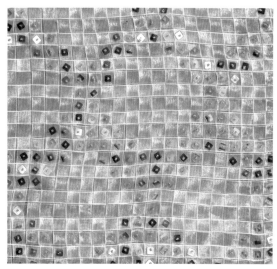

图3-78（作者：梁婉媚）

## 3.2 创新技法实验

### 一、破坏实验

#### 1.烧烫实验

烧烫破坏面料的实验具有随意性和偶发性，实验前大多不能预测效果。利用不同材质的化纤面料燃烧后的熔缩效果来构思，同时，可以尝试不同的高温破坏方法，如线香、蜡烛、熨斗等破坏手法可以使材料表面形成不同的破口。图3-79～图3-83是化学纤维面料的烧烫实验。

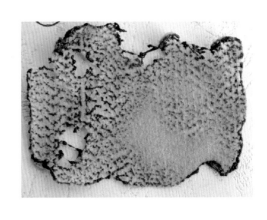

图3-79、图3-80 第一步

图3-81、图3-82 第二步

第一步：接近火焰，纤维会收缩、熔融，变软，干后变成黑色小颗粒，未干时为深棕色；在火焰中熔融燃烧，出现孔洞状，孔洞边缘（收缩的边缘）结成黑色硬块（图3-79、图3-80）；

第二步：接近点燃的盘香，布料表面开始收缩熔融；点燃的盘香使被烧成洞的面积逐渐扩大，所留残留物不多，也为黑色硬块，盘香会因布料被烧出的浆状物而熄灭（图3-81、图3-82）；

第三步：将布料等距对折，烧其边缘；实验结果出现间隔的孔洞状，表面呈凹凸起伏状（图3-83）。

也可利用不同的面料与烧、烫方法，产生奇特、新颖的创意效果（图3-84～图3-87）。

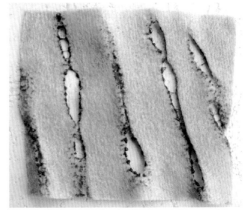

图3-83 第三步

图3-84：这块面料利用尼龙材料火烧后会向一面卷曲的特性，将白色面料裁成圆形后烧边，并按一定规则粘贴固定在底料上。

图3-85：该面料的创意灵感来源于猕猴桃的截面。底层蓝色透明纱衬托，上层是白色无纺布烧出外轮廓，用珠子固定，形成猕猴桃内圈的种籽。

图3-86：这块面料是不易燃的太空棉无纺材料。设计者在实验过程中发现这种面料遇火后不会燃烧，而是熔缩凹陷。参照一款陶瓷表面的釉彩效果，先将材料染成彩色，再用火烧烫出凹入的圆形小坑，被烧的位置还原出原来面料的白色效果。

图3-87：设计者选择了一块紫色的薄纱面料做烧烫实验，通过火烧发现化纤面料的边缘熔缩后形成深色的一条硬边，边缘附近的面料变成挺直的塑胶装，看似洋葱的边缘。于是寻找洋葱的切面图，将面料烧成圆圈状，一层层叠在一起，模仿洋葱的截面效果。

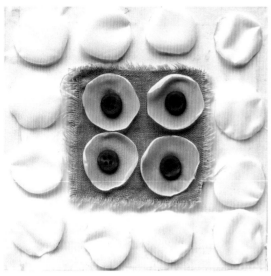

图 3-84（作者：陈莹）

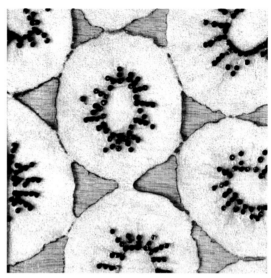

图 3-85（作者：杨晓丽）

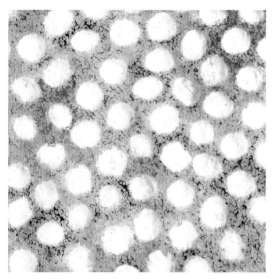

图 3-86（作者：陈钿）

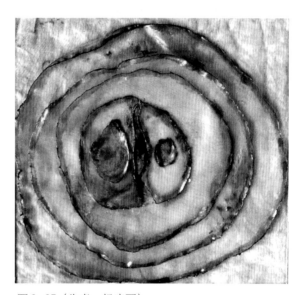

图 3-87（作者：杨晓丽）

## 2. 镂刻、打孔实验

镂刻、打孔即利用一定的工具，在某种材料表面，通过镂刻与打孔的方式产生创意面料的效果（图3-88～图3-99）。

图 3-88：沿横、纵、斜向、圆形等不同角度和形状剪开、撕拉或打孔；破坏后观察面料的边缘，再根据面料边缘结构的稳定性或脱散性来进行设计构思。

图 3-88

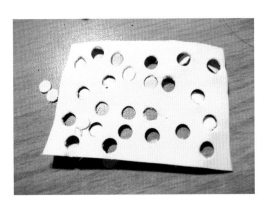

图3-88～图3-90

图3-91～图3-93

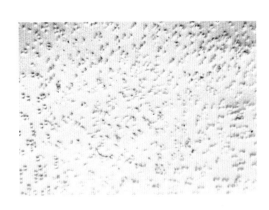

图3-88～图3-90：用打孔机在面料上用力按压，根据设计构思可以压出各点位的排布，结合其他材料可以创造出不同的创意效果。

图3-91～图3-93：用戳的方法使皮革表面出现许多凹凸不平的小疙瘩，不断改变皮革表面的形态，用不同的刀具来割裂，可以使皮革的表面更加粗糙，形成不同的肌理效果。

服装创意面料设计

## 二、撕扯实验

通过撕扯手法产生的创意面料效果：

图3-94：面料使用抽纱的方法，学生先把黄色棉麻布抽丝形成纬向条纹，再把彩色牛仔布料的纬纱抽出来经向穿插在黄色棉麻布间，利用面料疏密对比和纱线的色彩对比产生创意效果。

图3-95：面料由三层合缝而成。表面用彩色牛仔布料的纬纱系结成网状，中间夹入半透明的柯根纱，背后还衬有一层彩纱。

图3-96：学生在实验中用剪刀斜开了一个切口，随意撕去一些纱线，折起纱线后觉得像小孩的头发，于是按这样的思路作出图中的效果。

图3-97：将彩色牛仔布剪成小块，然后用蜡烛烧出不规则的形状，再黏贴在透明纱上，模仿松树皮的效果。

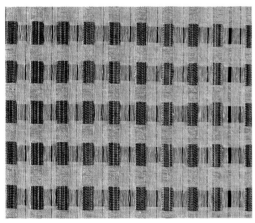 

图3-94、图3-95 学生作品

 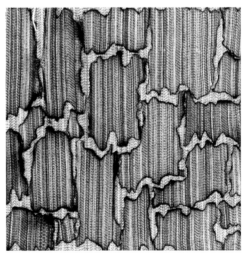

图3-96（作者：林齐斌）　　　　图3-97（作者：方楚妍）

## 三、涂层实验

将不同的材料涂在各种面料、材料上，观察面料表面的效果。这类型的实验通常不能直接运用于实际的生活产品，仅仅作为面料造型和外观展示效果，或作为设计的灵感启发。

图 3-98、图 3-99

1）白乳胶

先将毛料分成几组，再分层涂抹上白乳胶、银粉。涂抹到白乳胶的部分变硬挺，白乳胶干燥后变得透明无色，造型硬朗（图 3-98、图 3-99）。

2）玻璃胶

玻璃胶滴在面料表面，干燥后紧紧附在其表面，形成透明突出点状（图 3-100、图 3-101）。

图 3-100、图 3-101

3）立德粉、乳胶

混合等量的立德粉、乳胶，再将调好的粉膏状材料涂在面料上，干燥后观察效果（图 3-102、图 3-103）。

破坏式的减法设计要和各种装饰效果的加法设计结合起来运用，会创造出许多意想不到的效果。

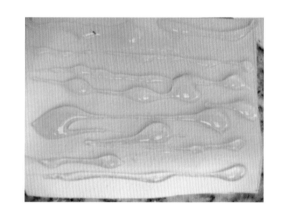

图 3-102、图 3-103

图3-104（作者：邱建斌）

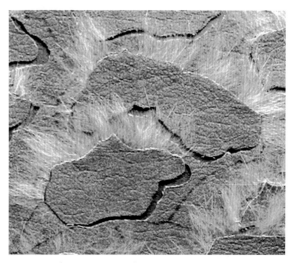

图3-105（作者：容雪梅）

图3-106 学生作品

图3-107（作者：崔展眉）

　　创意面料设计要求我们打破常规的思维界限，对司空见惯的材料应以全新的角度去探索与实验，同时善于发现新材料、新方法。图3-104～图3-107是对皮革材料的实验，试验开始前，应先观察皮革材料的特性：皮革材料一般较厚，不易缝合，但是边缘不会脱线，可以适当加以利用。设计时考虑使用一些镂空、碎片重组、多层材料叠加的手法来展开实验，也可以参看资料图片，从中寻找灵感。

　　图3-104：由两层不同肌理的厚质皮材黏合而成，面料切成条状，折叠后形成管状并剪开切口，将珠子穿入固定，再嵌入已经裁好的皮料中，排好并缝合在一起。

　　图3-105：在错位黏合试验后，作者受到图片中裂开的树皮的启发，模仿其效果切割皮材的形状，增加一些绒毛，最后做出图片中呈现的效果。

　　图3-106：将兔毛和透明塑料裁成细条，采用手工编织的方法编结而成。

　　图3-107：作者看到竹子和蛇的形象受到启发，将条状的黑色皮革并排，在两块面料中间设计好的位置用钳子拉扯一小块面积，并加热粘贴。最后定位切开黑色皮革，再嵌入粉红色的细皮条。

创意面料的过程中，通过各种材料和工艺的实验，有时会产生意想不到的效果。

图3-108：设计者在用不同材料做实验时，无意中发现银色的油漆滴落在丝光人造棉材料时，油漆上的化学成分会在面料的边缘产生一条黑灰色的边缘包住银漆，形成特殊肌理。

图3-109：将人造丝揉皱、烫压、染色，几经破坏后造出石头的肌理纹样。

图3-110：用玻璃胶、金银漆在蓝色面料上随意涂画，干燥后面料上面结了一层厚厚的胶质，具有特殊的肌理效果。

图3-111：缎面仿真丝色丁的表面平滑具有光泽，将缝纫机的面线调出不同的松紧度和密度会使面料车辑不平整、打线圈，利用这样的方式在真丝色丁的表面做随意的车辑，面料表面产生了特殊肌理效果。

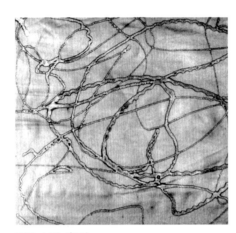

图3-108 岩石

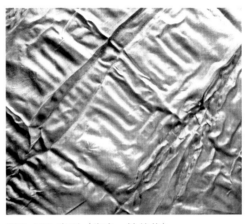

图3-109 岩石（作者：钟其伟）

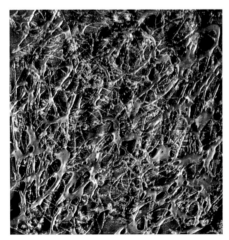

图3-110 星空

图3-111 轨迹

服装创意面料设计

# 第4章 创意面料设计的灵感挖掘与产品转化

## 4.1 创意面料设计的灵感挖掘与寻找

### 一、通过设计技法实验激发设计灵感

设计师要对面料进行各种工艺实验，从中摸索各种面料和不同工艺结合后的效果。构思过程是以实验为起点，通过对某种材料、某种加工方法进行试验，工艺实验往往具有偶发性和随意性的特点，设计师要将各种方法和效果进行比较，重新组合或者延续一些比较满意的设计效果继续发展，最后在工艺实验的方法和各种灵感图片中找到设计的交叉点，实现设计的主题化和系列化。

图4-1~图4-4是通过技法实验而创作的系列创意面料。这组创意面料作品所使用的工艺都是绗缝的方法。设计师在工艺实验后，认为第一幅面料的效果很有趣，联想到中式建筑的屋顶，于是着手收集各种建筑的造型，从中选出几款各国著名建筑的图片，通过绗缝工艺来表现这组建筑物的屋顶造型。

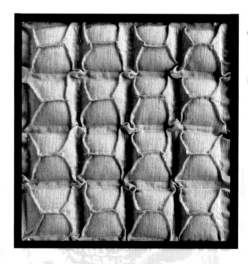

"未睹皇居壮，安知天子尊"，面对明清皇宫紫禁城，你也许只能用两个字来表达你的感受，这就是"壮"与"尊"。

图4-1~图4-4 通过技法实验激发的创作灵感（作者：陈钿、萧福城）

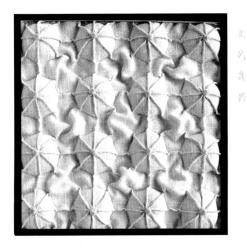

一个建筑可以将大自然与上帝的基本法则反映到其尺寸上，所以比例完美的建筑物乃是种的启示，是上帝在人身上的反映。

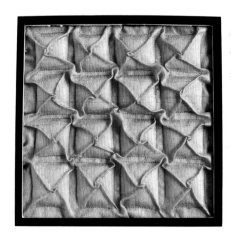

金字塔几何装饰之美

埃及的金字塔建作让人们已经好几千年了，这些意指帮助达成其永恒生命的金字塔，或许是象征太阳的光线，也或许是到达天空的阶级。

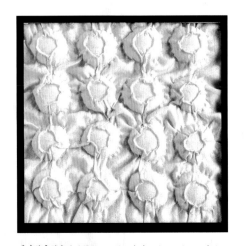

历史的变迁与风雨侵蚀，已使大角斗场满目创痍，但其苍劲宏伟的体形仍能让人们去感受州都角斗士们的搏斗。

## 二、通过图片转化挖掘设计灵感

收集自己感兴趣的图片、实物等等，通过仔细观察分析，或者受到某些事物的外形、结构、色彩纹样或形式的启发，用多种材料和工艺结合实验，形成特殊的设计效果。有时，通过图片寻找的设计灵感而构思，甚至可以从一张图做出一系列的创意面料。这种设计构思的方法一般需要设计者对设计思路和加工的手段有比较深入的体会，设计的材料和表现方法会变得丰富多彩。这里列举一些教学过程中的学生作业，都是由图片寻找灵感，最后完成创意面料作品。

### 1.图片转化练习

内容：图片转化练习，将传统的装饰纹样或自然形态进行转化设计（图片由教师提供）。

要求：以2~4位同学组成小组，对教师提供的图片进行构思，设计一系列创意面料。要求各小组的技法试验要求至少包含多种不同的技法，每个成员可选择某一种或两种技法完成，材料自定。

服装创意面料设计

（1）实例一（图4-5～图4-9）

图4-5 设计灵感图

图4-6（作者：冯斯桦）

图4-7（作者：邹银芳）

图4-8（作者：庞乔治）

图4-9（作者：冼莹）

(2) 实例二（图4-10~图4-14）

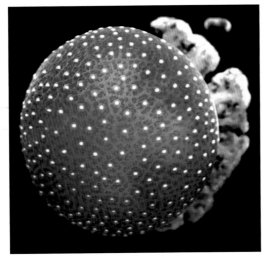

图4-10 设计灵感图

图4-11（作者：陈伟玲）

图4-12（作者：袁静仪）

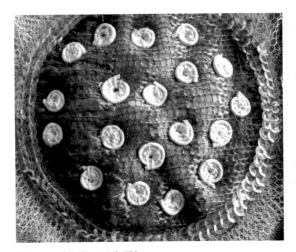

图4-13（作者：周童霞）

图4-14（作者：李梅芬）

服装创意面料设计

图4-15 设计灵感图

(3) 实例三（图4-15~图4-19）

图4-16（作者：黄美柳）

图4-17（作者：李健）

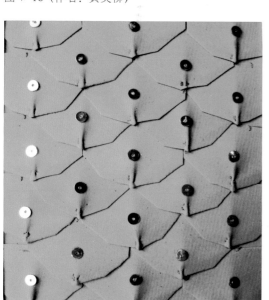

图4-18（作者：林玉斌）

图4-19（作者：梁振才）

第4章　创意面料的灵感挖掘与产品转化

## 2.主题系列设计

内容：按创意设计的方法自行选定主题，进行系列创意面料设计。

要求：（1）由个人完成；（2）创意设计的思维过程要有完整的表述，即设计的说明（包括创意的主题气氛图片、设计灵感的文字说明、设计过程的思维导图、设计草稿）；（3）创意面料的系列小样，面料尺寸约为15cm×15cm。

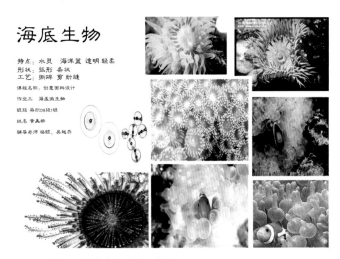

图4-20 "珊瑚起舞"设计灵感图

作业实例：

主题：珊瑚起舞

作者：黄美柳

第一步：寻找设计灵感，收集与主题相关的图片。设计者收集了大量的有关海底生物的图片，最后挑选出自己喜欢的图片进行整理（图4-20）。

第二步：构思的过程——运用思维发散的方法，对寻找到的灵感图片进行提炼，找出可以利用的元素和造型,从不同的角度观察分析，再组合出图案的排列次序(图4-21～图4-26)。

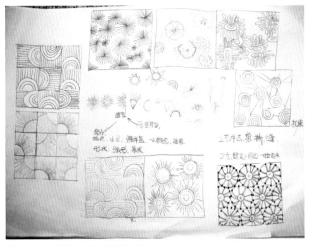

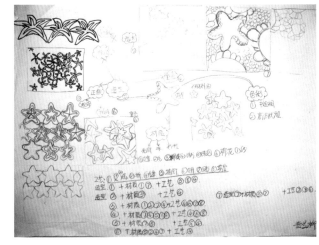

图4-21～图4-24 构思过程

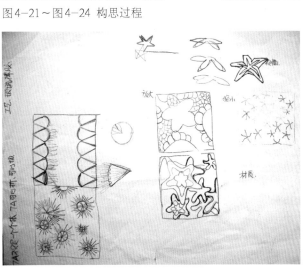

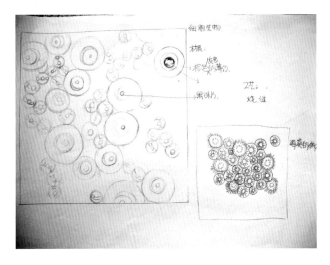

服装创意面料设计

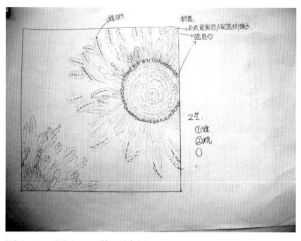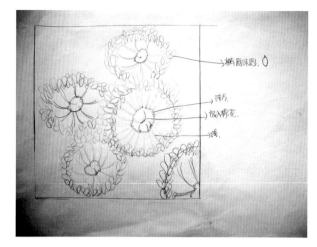

图4-25、图4-26 构思过程

第三步：面料试验。寻找各种合适的面料，通过不同的技法试验，寻找恰当的方法组合实现草图的构思（图4-27～图4-32）。

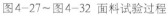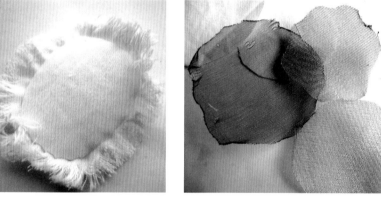

图4-27～图4-32 面料试验过程

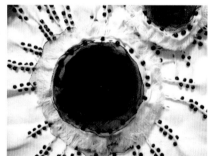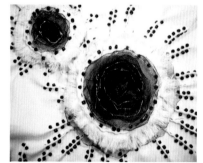

第四步：从各个灵感图片中抽取多个元素，多次试验中找出效果比较理想的几款作出面料小样（图4-33～图4-36）。

第五步：创意面料的小样做好后，可以根据每幅面料的效果、质地和特征来构思可以运用在哪些产品上，并通过电脑模拟或手绘出运用的效果（图4-37～图4-39）。

图4-33~图4-36 创意面料小样

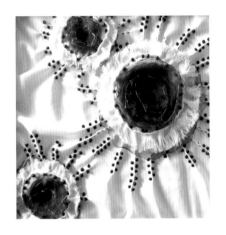

设计说明：
灵感来源于图片中的海葵触须，
轻盈流动，
工艺上通过剪、抽、纺绣的方法来表达。

课程名称：创意面料设计
作业三　海底生物
班级　染织08级1班
姓名　黄美柳
辅导老师　杨颐、吴越乔

图4-37 创意面料的运用效果图

服装创意面料设计

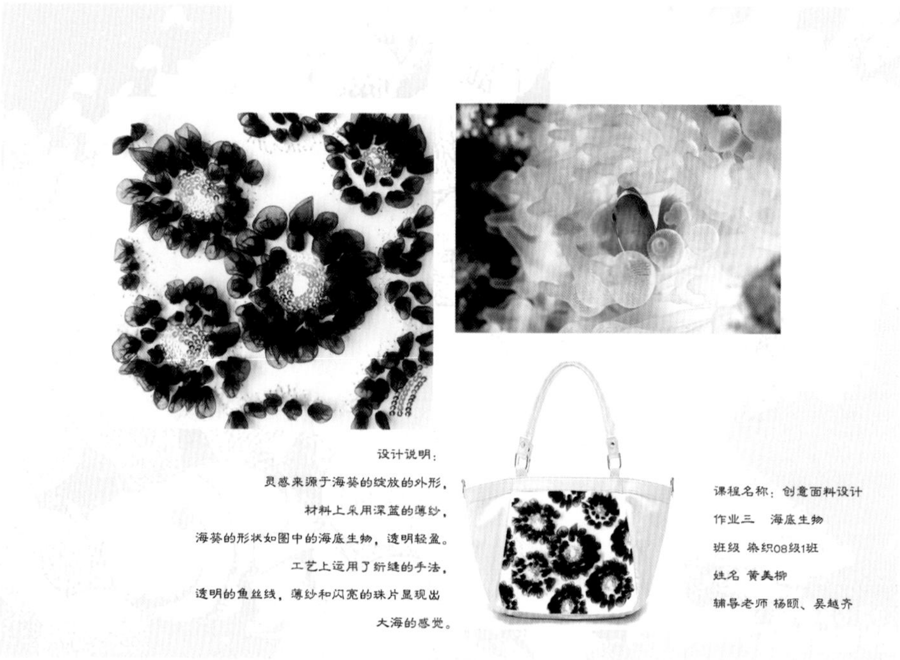
设计说明：
灵感来源于海葵的绽放的外形，
材料上采用深蓝的薄纱，
海葵的形状如图中的海底生物，透明轻盈。
工艺上运用了绗缝的手法，
透明的鱼丝线，薄纱和闪亮的珠片显现出
大海的感觉。
课程名称：创意面料设计
作业三　海底生物
班级 染织08级1班
姓名 黄美柳
辅导老师 杨颐、吴越齐

图4-38、图4-39 创意面料的运用效果图

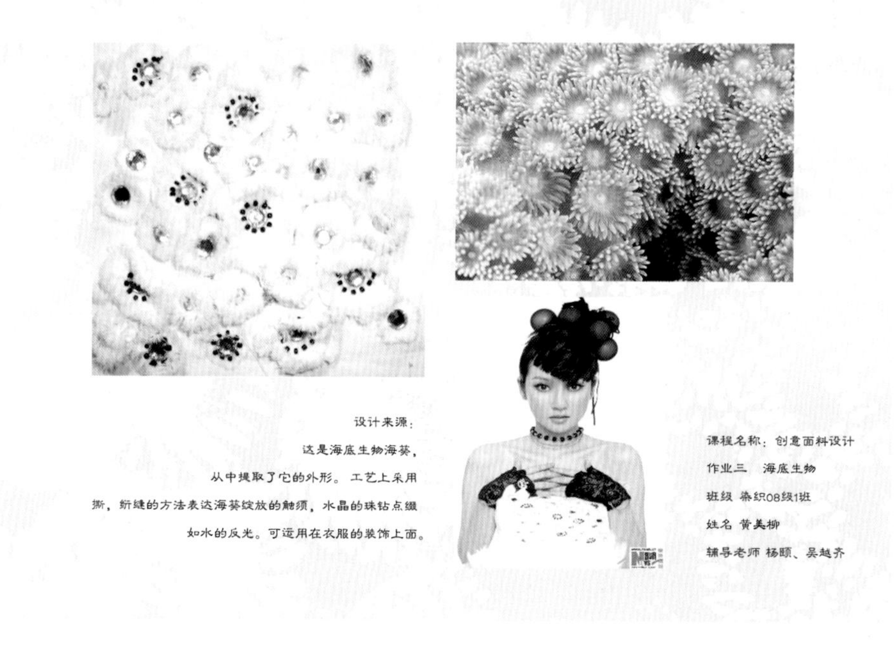
设计来源：
这是海底生物海葵，
从中提取了它的外形。工艺上采用
撕，绗缝的方法表达海葵绽放的触须，水晶的珠钻点缀
如水的反光。可运用在衣服的装饰上面。
课程名称：创意面料设计
作业三　海底生物
班级 染织08级1班
姓名 黄美柳
辅导老师 杨颐、吴越齐

### 三、通过模仿自然界获取设计灵感

创意面料主题与灵感的发掘与寻找需要设计师具有一双发现美的眼睛，从自然界中发掘和积累素材。自然界的美数不胜数，如水波的荡漾、瑰丽的石头以及自然界宏观的天文奇景、地貌特质，微观世界中各种动植物的生态肌理等等，都是我们产生灵感的绝好题材。这些题材任意提取一点都可以激发无限的创意，为现代的设计师提供源源不断的创意灵感。以自然形态为灵感源泉创作的作品，由于其纹理与色彩都贴近大自然，因此它呈现出的色彩与形态美感能给人以亲切的心里感受，也合乎了近年来国际服装设计中回归自然的时尚潮流。

#### 1. 模仿自然形态的设计（图4-40～图4-51）

图4-40 水中光影（作者：梁丽蕴）

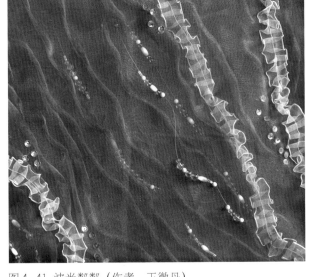

图4-41 波光粼粼（作者：王微丹）

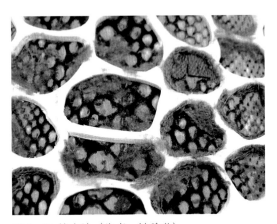

图4-42 挡土墙（作者：钟希琳）

图4-40：面料模仿泡沫在水中斑驳多重的光影效果。上下两层为皮革镂刻，中间用蓝色透明柯根纱间隔，形成多层重叠的效果。

图4-41：面料用透明雪纺纱折叠出水波皱纹，以鱼丝手工固定好，再穿入大小不一的珠子和白色丝带，模仿水面浪花和泡沫的效果。

图4-42：面料灵感源于山边斜坡的挡土墙。设计师找来貌似石头纹理的仿蛇皮纹样面料，在面料表面加上镂空后的灰白厚皮材，最后再粘贴一点绿色毛绒纤维，模仿挡土墙上长满青苔的效果。

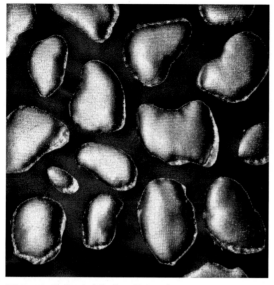

图4-43 鹅卵石（作者：蔡旺强）

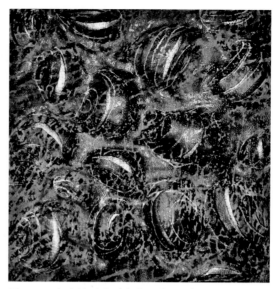

图4-44 水底的石头（作者：蔡旺强）

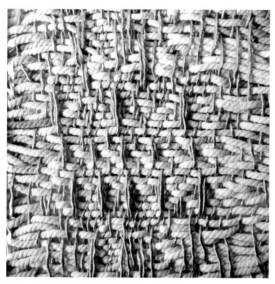

图4-45 沙滩的砾石（作者：费巍）

图4-46 退潮的沙滩图（作者：费巍）

　　图4-43和图4-44两块面料都是从一组彩色的石头图片中获取的灵感。

　　图4-43：模仿镶在水泥地面的鹅卵石，底层是金色针织面料做的立体绗缝效果，表层利用皮革裁出卵石形状。

　　图4-44：模仿水面下的卵石，就如同石头表面长了一层厚厚的苔藓，水面反照着蓝蓝的天空，底下一层的做法同上，表面的皮革有一定的纹理，剪出弧形裂纹正好突出石头的间隙。

　　图4-45和图5-46这两块面料以不同的编织手法表现海边沙滩和砾石的效果。

　　图4-45：沙滩的砾石采用经纬编织的方法将金色纱线织入较粗的纬线。

　　图4-46：将一些贝壳珠子穿入纱线中，随着色彩的渐变效果，珠子散落在起伏的曲线中，如同退潮时海边沙滩的痕迹。

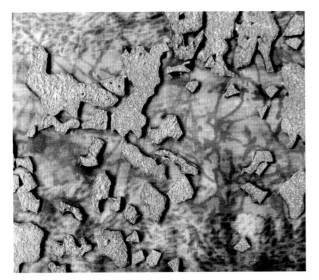

图4-47 干涸的大地（作者：潘锦珠）

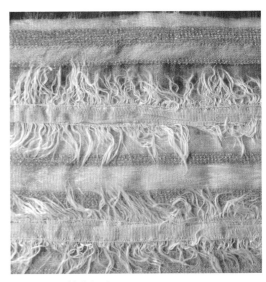

图4-48 干枯的河床

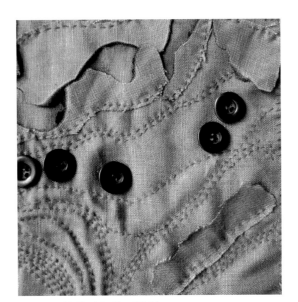

图4-49 沙漠（作者：张玉）

图4-50 溶化的冰雪（作者：朱建重）

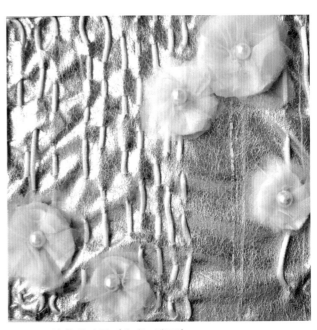

图4-51 溶化的冰雪（作者：张玉）

　　图4-47：设计灵感来源于龟裂的田地。面料底层是麻纱质地具有一定纹理的面料，上层则用乳胶粘贴上一片片烧焦边缘的皮料。犹如沉积在地面的泥浆干裂后，又被风沙一片片吹走的效果。

　　图4-48：设计灵感来源于沙漠里已经干涸的河床，在天空中俯视，曾经的水流冲击在大地的表面留下一道道痕迹。在平绒面料上抽纱形成平行的条状，再将面料剪成条状抽出两边的纱线，用针线固定在前面处理过的平绒上。

　　图4-49：作品的设计灵感来源于神秘的大沙漠。朴质的原麻层层叠叠，运用绗缝工艺随性自然地勾勒出沙漠无边的起伏效果。

　　图4-50：面料底层是乳胶粘贴的金银颗粒效

果的皮材，中间用白色无纺布折叠粘贴固定，表面是手撕效果的片状棉絮。几层叠加后的面料如同雪地里正在融化的树挂。

图4-51：灵感来源于北极正在消融的冰川。底面材料利用白色绳结打破仿皮面料的拘束感，融化的冰面则采用白色雪纺纱和无纺布结合，配以珍珠点缀来，如同一朵朵白莲花在飘舞。

### 2.模仿海洋生物的设计（图4-52～图4-68）

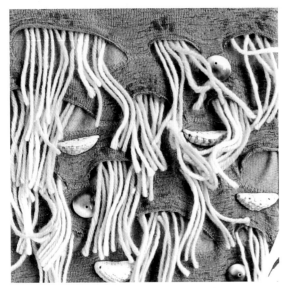

图4-52～图4-56 珊瑚（作者：陈玉冰）

图4-52～图4-55中，面料的灵感都是源自海底的珊瑚。设计者用了许多不同的手法做实验，通过不同的材料与方法再现出海洋世界的丰富多彩。

图4-52：设计者偶然发现了这款针织面料很特殊，启发了灵感，在面料的穿孔中加入毛线并坠上贝壳。

图4-53：模仿微观状态下珊瑚虫在水中漂动的灵动效果。将白色雪纺纱和金色柯根纱裁成圆形，烧边后再用白色珠子钉缀在绿色面料上。

图4-54：用黄绿两色的柯根纱裁成条状，折叠后手工钉缝固定在灰色面料上形成团状，再配上点点的珠子。

图4-55：模仿寄生于珊瑚表面的海葵形态。

图4-56：模仿珊瑚表面密密的褶裥。

图4-57、图4-58的设计灵感来源于一只被渔网兜住的河豚。

图4-57：底面是毛线编结的网，上面钉缝着一只只带蓝色斑点的棉球，棉球表面局部有些烫烙了的小洞，故意钩扯露出里面的棉芯，如同河豚身上的尖刺。

图4-58：仿照河豚身上的尖刺，在底料上刻出小洞，再用面料缝合出许多圆锥状尖刺，填入底料的小洞中缝合固定好。

图4-56

图4-57 河豚（作者：韩静梅）

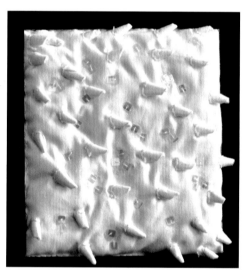

图4-58 河豚（作者：郑水珍）

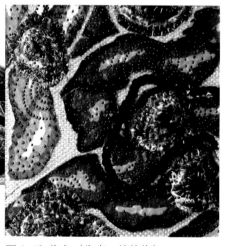

图4-59 海龟（作者：韩静梅）

图4-59：面料模仿海龟身体的甲壳和皮肤表面的纹理。设计者偶然发现一款面料上面印压了特殊的胶粒，特殊的肌理启发了这块面料的设计灵感。先裁出部分小片，用纺织颜料涂上色彩，然后烧出边缘再绗缝固定，局部填入棉花作出凹凸感的效果。

图4-60：这是一款非服用材料的面料设计，模仿海螺的肌理效果，制作时先用厚厚的黑褐色油漆平涂在卡板上，再将已经切割好的贝壳截面按一定次序镶嵌在油漆表面。

图4-61～图4-63：海洋生物气氛图。

图4-64～图4-68为同一组设计，灵感来源于海贝和珊瑚，设计师通过不同的材料和工艺组合出不同的创意面料。

图4-64：模仿海胆壳表面的美丽肌理。设计师先挑选了既有一定次序感的棉线花边，选取灰色的雪尼尔绒线钉缝固定在棉线花边表面，最后钉上半圆形的仿珍珠。

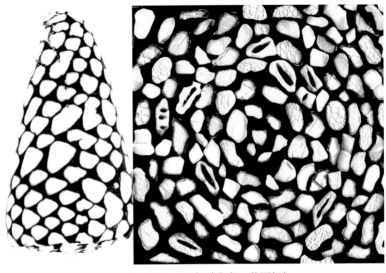

图4-60 贝壳（作者：劳同锷）

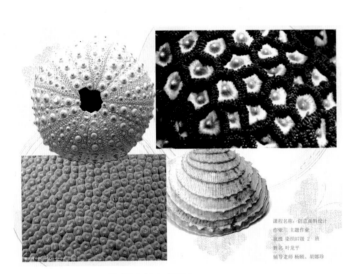

图4-61～图4-63 海洋生物气氛图

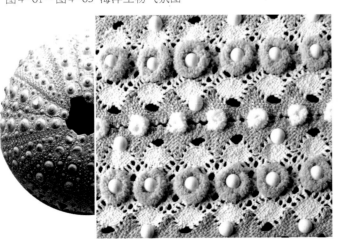

图4-64 海胆（作者：叶龙平）

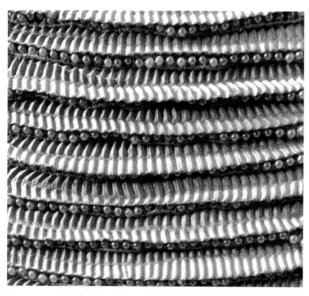

图4-65 贝壳（作者：叶龙平）

图4-66 珊瑚（作者：叶龙平）

图4-67 珊瑚（作者：冯佩文）

图4-68 珊瑚（作者：叶龙平）

　　图4-65：模仿海贝上层叠的表面肌理，设计时利用已经压褶好的花边层层叠叠车缝固定在底衬上。然后用手针将珠子串起钉缝在两条花边的夹缝中间。

　　图4-66～图4-68：面料模仿珊瑚表面肌理，图4-66在制作时先在底布上做半球状立体绗缝，然后在隆起的部分用毛线钉绣出半球形。

服装创意面料设计

图4-69 龟背竹的灵感来源

图4-70～图4-72 龟背竹（作者：何结玲）

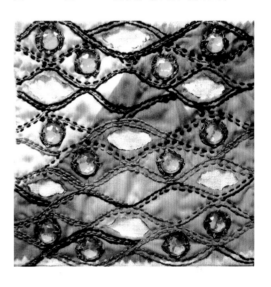

### 3. 模仿植物形态的设计（图4-69～图4-90）

图4-69：灵感来源图（龟背竹）。

图4-70～图4-72：这组面料的设计灵感来源于龟背竹，设计师在公园里拍摄了一组龟背竹照片，仔细观察不同部分的纹理，最后挑选了局部作为设计的参照。设计过程中主要采用烧、染色、不同的绗缝、珠绣针法来模仿龟背竹的树干、树皮的肌理。

图4-73、图4-74 灵感来源图（石榴）

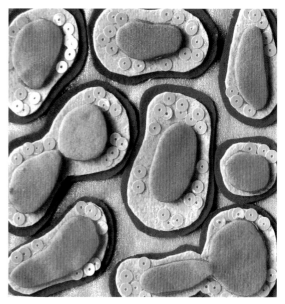

图4-75～图4-77 石榴（作者：黄小红）

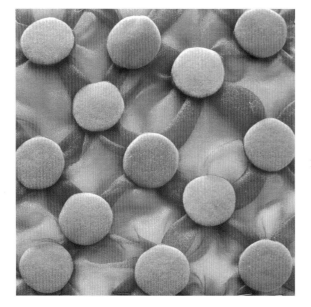

图4-73、图4-74：灵感来源图（石榴）。

图4-75～图4-77这组面料的设计灵感来源于石榴，参照其外造型、内部的结构，模仿石榴的底部花瓣、晶莹的石榴籽做了系列设计。

图4-75：俯视角度看见的石榴效果，用几层粉色无纺布裁开层叠翻折，再用红色绗缝线迹勾勒出石榴的造型。

图4-76、图4-77：不同的手法表现放大的石榴籽图片。

图4-78 年轮（作者：张艳芝）

图4-79 树皮

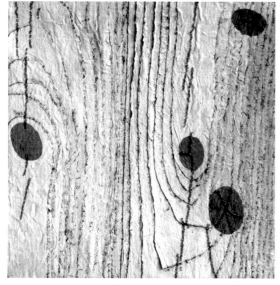

图4-80 剥落的树皮（作者：林齐斌）

图4-81 蘑菇（作者：冼莹）

图4-78、图4-79这组面料灵感来源于木材的截面和树皮的图片。

图4-78：仿照切割后的木材界面，整块面料结实而厚重，具有质感，制作时先将皮革切条并固定排列，形成具有凹槽的不同造型，将粗棉绳染色后填入，使面料表面形成年轮造型。

图4-79：用棉布染色、按设定的形态裁剪镂空，多层重叠后再用线迹绗缝固定。

图4-80：将白色坯布按设计的效果烧边，再按纹理一层层叠好粘贴，模仿层层剥落的桉树皮，附加的钉珠如同树纹中的裂缝效果。

图4-81：设计灵感来源于蘑菇。利用针织面料自动卷曲的特性做设计，制作时先将立绒裁成细条状，再用针将中间部分钉缝，然后抽缩成圆圈状，如同朵朵的小蘑菇。

图4-82、图4-83：用立体构成的方法，先按特定规律在面料上画格子，再用针线在固定的位置缝合抽缩，整理后面料形成具有韵律感的立体面料。这款面料设计原本是立体型面料的试验，制作完成以后无意间提起面料的一个角落，竟然发现面料的造型如同一只松果。

图4-84：灵感来源图（菠萝）。

图4-85和图4-86这组面料灵感来源于菠萝。

图4-85：设计灵感来源于菠萝表皮，凹凸的尖刺在半球上排列有序，富有视觉冲击感。用软质的纺织材料再现坚硬表皮上的尖刺，触觉和视觉的印象错位设计产生非常有趣的视觉效果。

图4-86：面料的灵感源于菠萝种植园远观效果，提取菠萝植株的红与绿强烈色彩对比以及其放射状的生长形态作为设计元素。

图4-82、图4-83 松果（作者：苏建激）

图4-84 灵感来源图（菠萝）

图4-85、图4-86 菠萝(作者：袁静仪)

服装创意面料设计

图4-87、图4-88 春花（作者：卢丹霞）

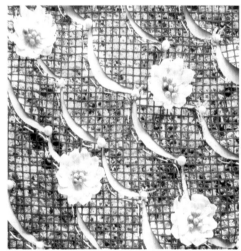

图4-89、图4-90 睡莲

　　图4-87、图4-88：模仿春天郊外野地的花草。利用裁剪、钉缝和镂空等方法处理彩色的无纺布，形成层叠错落的满地黄花效果。

　　图4-89、图4-90：夜色下的莲池，幽幽的蓝色水面上绽放出洁净的白莲。选用蓝色斑驳效果的银色涂层面料剪出水纹效果，白色硬质半透明纱和粘衬做成莲花造型，散布于面料表面。

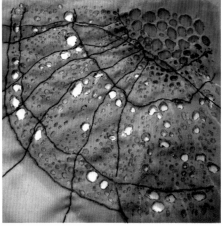

### 4．从微观角度着手设计（图 4-91～图 4-99）

下面这组设计灵感来源于显微镜底下的细胞图片。

图4-91：用线镶在上下三层化纤面料上，烙出大小不等的孔洞，蓝色表面上露出一点粉色点缀，再用深色线迹绣出环状的轮廓，模仿显微镜下细胞的水泡效果。

图4-92：用雪纺纱染色后折叠钉缝，然后将深色珠子钉缝固定在褶皱的缝隙中。

图4-91、图4-92 生命的瞬间（作者：黄凤娟）

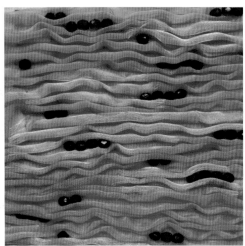

图4-93：选择表面具有明显褶皱的面料作底，用特殊的胶质颜料在面料上绘出细胞的轮廓，再将黑色珠子和粉色的透明纱布片钉坠在黑色之间。胶质颜料干燥后会保持突起的触感并有光泽，与褶皱的底料形成肌理对比。

图4-94：运用多种工艺组合设计。白色面料上覆盖丝线编结的网，局部粘贴粉色薄纱，再用手针钉缝上红色、绿色的珠子。

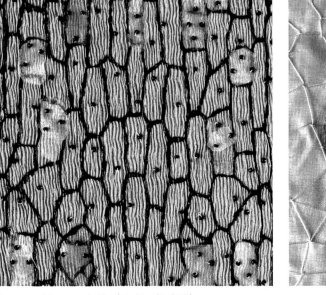

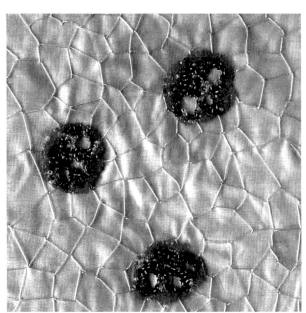

图4-93、图4-94 细胞（作者：伍瑞娟）

图 4-95 是一组显微镜下的各种石头纹理。

图 4-96～图 4-99：设计者通过多种手法和工艺，用软质的纺织材料再现出石头的绚丽多彩。

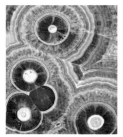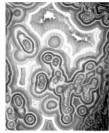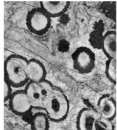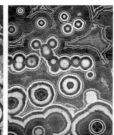

图 4-95 灵感来源图（雨花石）

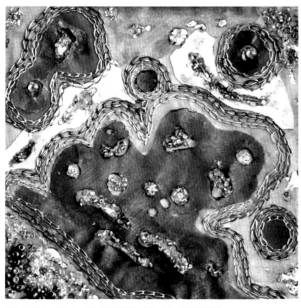

图 4-96～图 4-99 雨花石（作者：张丽萍）

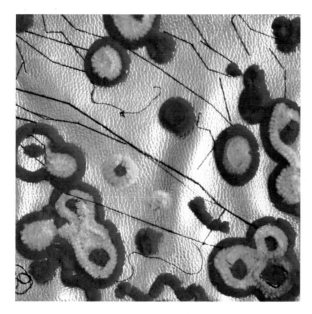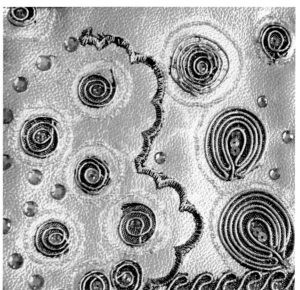

## 三、从历史、文化和日常生活中寻找灵感

从历史、文化和日常生活中寻找灵感也是我们着手设计的重要途径。这些领域都凝聚了人类的生活智慧和审美趣味。如世界各国的历史文化和各民族的传统工艺，诸如手工印染、刺绣、编织、绗缝等，无不蕴藏着各式各样的美。

图4-100:创意灵感来源于设计者清理房间时发现的一张早年出版的古旧发黄的地图。制作时先按地图的色彩把白色的麻质面料染色，然后剪出需要的形状再烧边，再粘上细绳，最后用钉上黑色小珠子的红色细绳，模仿标注海拔的地图效果。

图4-101:灵感来源于青铜器皿中的饕餮纹样。设计者从饕餮纹样中汲取灵感，仿照青铜器皿的雕刻形式，选用粉色的柔丝色丁，在材质上形成对比。用电烙铁将面料镂空出饕餮纹的效果，完成后再在后面用透明的面料托底。设计作品用柔软的面料材质表现坚硬冰凉的金属，具有特殊的视觉效果。

图4-102:灵感来源于中国古代陶瓷的窑变纹样。作者在底层用棉和纱染色，上面钉上裁剪和粘合成放射状花型的色纱，再散布大小珠子。面料的色调和材质巧妙的搭配，模仿陶瓷的纹样。

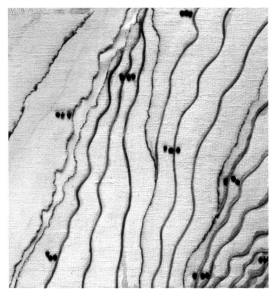

图4-100 地图（作者：欧颖怡）

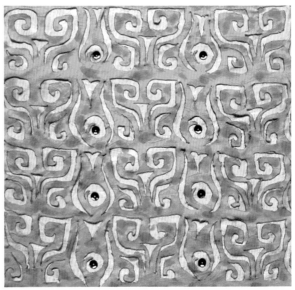

图4-101 饕餮纹（作者:王文钊）

图4-102窑变 （作者:陈钿）

图 4-103、图 4-104 两款创意面料都是模仿机器齿轮的效果。

图 4-103：选用不同色彩的棉布材料剪出合适的造型后粘贴。

图 4-104：选用了比较厚的无纺毡料剪出齿轮的造型，齿轮由几层一样的形状钉合固定，可以自由转动，形成旋转的花型，变幻出不同的效果。

图 4-105：用不同色彩的无纺布制作，模仿饼干和糕点的造型，可爱逼真，颇具趣味。

图 4-103 齿轮（作者：龚绮欣）

图 4-104 齿轮 2（作者：孙伟英）

图 4-105 美食（作者：黄韵斐）

图4-106 灵感来源图（水果糖）

图4-107、图4-108 水果糖（作者：邱锐柳）

图4-106 灵感来源图（水果糖）。

图4-107、图4-108：设计灵感来源于彩色的水果糖。利用不同的面料和配件表现方糖的块面感和立体感。

图4-109：设计灵感来源于日本的传统纹样。运用粘贴和钉珠绣的传统工艺重新组合，再现出浮世绘的淡雅和细腻。

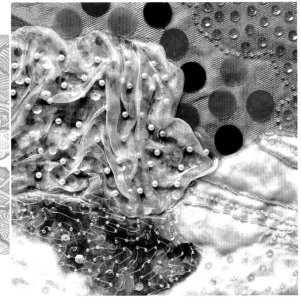

图4-109 浮世绘

（作者：董曼妮）

服装创意面料设计

图4-110 灵感来源图（风车）

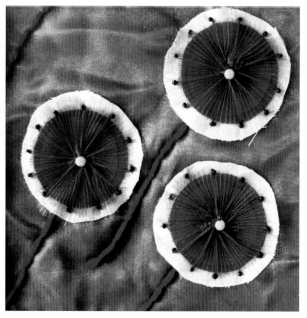

图4-111 风车（作者：冯佩文）

图4-112 灵感来源图（高脚杯）

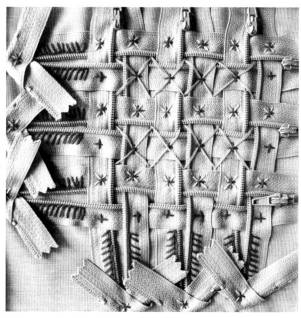

图4-113 高脚杯（作者：李梅芬）

图4-110：灵感来源图（风车）。

图4-111：模仿民间工艺品——风车的造型特征，找到了一款紫红色透明花边的材质特别吻合图片上的工艺品，将花边围合成圆形再用手针钉珠固定造型。

图4-112：灵感来源图（高脚杯）。

图4-113：利用拉链作为编织的材料，再用手针钉缝固定。

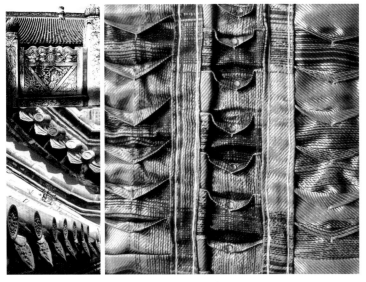

## 四、从建筑中寻找灵感

图4-114～图4-116：设计灵感来源于中国传统建筑的瓦片屋顶。设计者在面料上做各种立体构成的实验，找出比较合乎理想的瓦当、瓦楞的造型效果，再寻找合适的面料将前面的实验结果做出来。

图4-114～图4-116 屋顶（作者：苏建激）

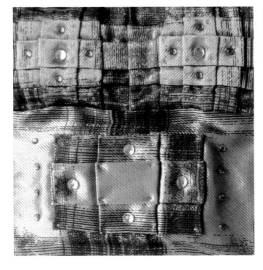

服装创意面料设计

图4-117~图4-119 灵感来源图（魅惑的城市）

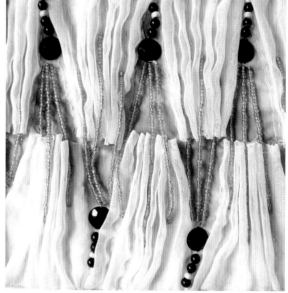

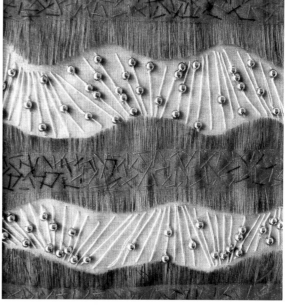

图4-117~图4-119：灵感来源图
（魅惑的城市）。

图4-120~图4-122：作者在城市风
光图片中找到灵感，提取建筑中的色彩
和轮廓线等元素，用多种工艺和材料抽
象地再造出美丽的城市景色。

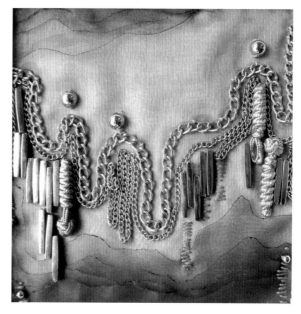

图4-120~图4-122 魅惑
的城市（作者：张欣妮）

## 4.2 由创意面料实验到产品设计的转化

设计实例：

设计者：陈嘉仪

设计过程：创意构思——面料试验——服装设计——作品展示

### 1.创意构思

设计灵感来源于蜥蜴的眼睛和皮肤上的肌理，显微镜下的瞳孔形态各异、色彩夸张，让人产生一种惊愕和震慑的印象，如同某种神秘而怪异的力量在暗处偷偷窥视着自己。

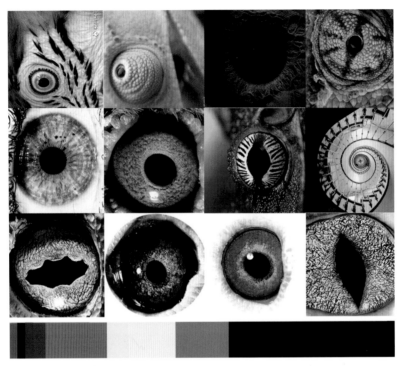

图4-66 设计灵感

### 2.面料试验

材料

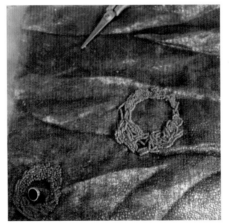

钉珠

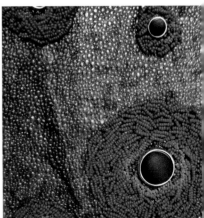

钉纽扣

图4-66～图4-68 面料试验

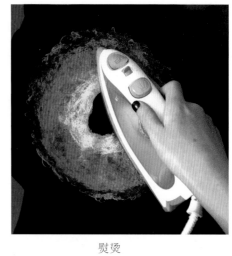

| 排线 | 车缝 | 熨烫 |
|---|---|---|

| 排线 | 车缝 | 钉珠 |
|---|---|---|

图4-69～图4-74 面料试验

3.服装设计

图4-75、图4-76 设计草图

图4-77、图4-78 材料及配色

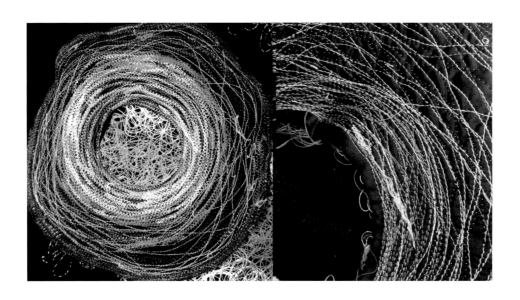

服装创意面料设计

图4-79 制作

## 4.作品展示

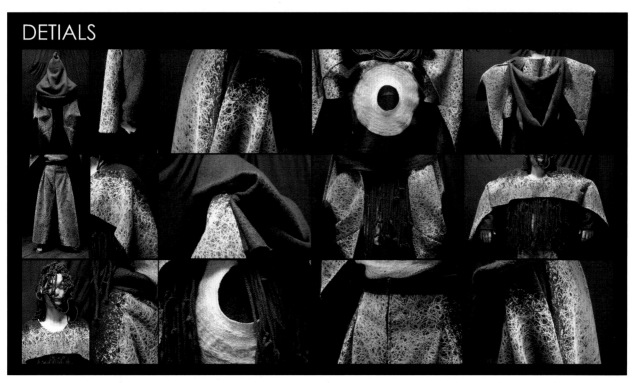

图4-80 作品展示（细节）

# MONSTER VIEW

Designer: Jiayi Chen

图4-81 作品展示

服装创意面料设计

PRODUCTION

图4-82、图4-83 作品展示

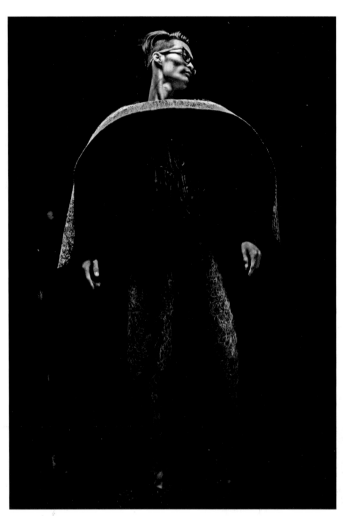

图4-84~图4-86 作品展示

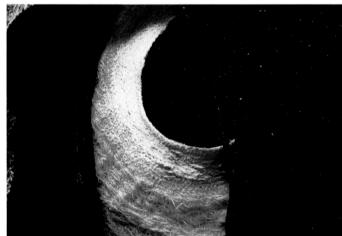

服装创意面料设计

# 第5章 国际服装设计大师的创意面料设计

现代时装的设计从某种程度上讲,主要是材料的设计。从国际服装设计大师的作品中我们便可以证实这一点。通过材料与造型工艺的完美结合来体现设计的主题和灵感,或者表达自己对哲学、艺术和社会的态度与立场。运用面料再造来装饰服装古往今来一直都有,早就是前辈们熟知的设计手法,但是面料再造成为一种服装设计的潮流则是近20年来才开始的。本章介绍几位推动这种设计潮流的国际知名设计大师及他们的作品,通过他们设计的代表作了解创意面料的设计手法在服装造型中的运用和发展。

## 5.1 帕高·拉巴纳(PacoRabanne)

帕高·拉巴纳出生于西班牙,成名于法国。他的设计理念超前于许多设计大师,早在20世纪60年代就开始了面料再造设计的探索。1966,帕高·拉巴纳推出他的最为经典高级定制服系列设计,这些服装采用金属、塑料、纸张、唱片、羽毛、铝箔、皮革、光纤等非服用材料,通过切割串接的手法将这些看似冰冷坚硬的材料和服装造型完美地结合在一起,在当时引起极大轰动。他的大胆设计成就了自己的独特风格,开创了服装设计的另类潮流。帕高·拉巴纳曾说过:"我不相信任何人能设计出前所未有的款式,帽子也好,外套、裙子也罢……,时装设计唯一新鲜前卫的可能性在于发现新材料"。

图5-1: 帕高·拉巴纳于1996年春夏季推出,采用幻灯片夹串接而成的立体造型服装。

图5-1

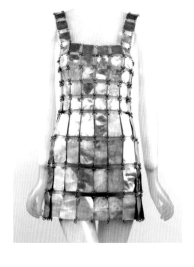

图5-2、图5-3

图5-4、图5-5

图5-6、图5-7

图5-2、图5-3：用金属片串接而成的服装。

图5-4：用圆形塑料片和贝壳片串接而成的服装。

图5-5：用切好的宽条皮革穿插编织成立体造型的短裙，再用金属环链接固定。

## 5.2 亚历山大·麦昆（Alexander McQueen）

亚历山大·麦昆是英国时尚圈著名的"坏小子"，喜欢标新立异，以追求和表达恐怖美学为设计界所争议。善于打乱重组服装结构，颠倒重构面料或形式之间的关系，从而在视觉效果上达到人与衣服整体结合，产生极端强烈的戏剧效果。

图5-6～图5-10是一组以羽毛为主题装饰的服装。图5-7～图5-9直接用羽毛黏贴在立体的服装造型上；图5-10则是采用数码喷印的方式将羽毛的纹样表现到面料上，再局部黏贴固定羽毛，达到虚实过渡的装饰效果。

服装创意面料设计

图5-8~图5-10

　　图5-11、图5-12：2013秋冬巴黎时装周上，Alexander McQueen用珍珠镶满服装和头罩，使整个系列犹如高级艺术品。精巧和繁复的细节使服装和头罩显得珠光宝气，配以飘逸的白色羽毛，在黑白的光影中，主题虽为展现天主教的圣洁，却透出Alexander McQueen品牌独有的神秘诡异氛围。

图5-13

图5-14~图5-16

图5-13：这组设计以不同材料表现各种怪异的生物形态，如骨骼、纤毛、软体动物等，体现设计师天马行空的超人想象力。

图5-14~图5-16：设计师以柔软的面料层叠钉缀在礼服上面，面料造型的排列和色彩的不同变化形成截然不同的风格。

图5-17~图5-19

图5-17~图5-19：各款服装采用印压、镂空、皮毛镶嵌等手法，改变皮革坚韧、厚挺、密不透风的材质特点，使皮材变得通透、柔软而且纹样丰富。

图5-20~图5-22：传统的绣花技法可以自由灵活地运用，通过绣花的材质、色彩和面料的搭配不同变化出不同风格的作品。

图5-20~图5-22

图5-23、图5-24

图5-23、图5-24：利用变化丰富的手工编织纹理为服装面料的主要装饰，纹样根据服装的造型而变化，局部或边缘则用金属珠子或毛绒等辅料作装饰点缀。

## 5.3 让·保罗·高缇耶（Jean Paul Gaultier）

让·保罗·高缇耶是法国时装设计界的怪才，设计风格诡异，以大胆的混搭为主要特色。他擅长在最基本的服装款式上进行"破坏"处理，加上各种奇怪的装饰物，或将各种民族服饰的融合拼凑，充分展现夸张及诙谐的格调，把前卫、古典和奇风异俗混合得天衣无缝，颠覆传统服装的搭配理念，开创出奇异的混搭潮流。

图5-25～图5-27：折叠的面料形成服装的立体造型。

图5-25～图5-27

服装创意面料设计

图 5-28、图 5-29：用贴布绣等工艺将皮革、绒线等材料模仿棕榈叶和渔网，营造一种热带海滨的印象。

图 5-30～图 5-32：采用破坏手法，将不同特性的面料撕裂、镂刻雕花，形成不同的风格。

图 5-28、图 5-29

图 5-30～图 5-32

图5-33～图5-36

图5-33～图5-36：采用编织手法，将布条、皮革、竹篾等材料编织成具有立体造型的服装。

## 5.4 三宅一生(Issey Miyake)

　　三宅一生是日本著名的服装设计大师，他的设计理念与西方成衣传统美学截然相反，独特的面料肌理和随着人体动态而改变的服装形态渗透着东方的审美哲学，他的服装改变了高级时装及成衣一向平整光洁的定式，利用各种起绉织物创造出"褶皱"服装，展现出独特的"三宅"风格，从而打入欧洲时装的心脏——巴黎。三宅一生不仅是服装设计大师，也是一位"面料魔术师"。他的设计离不开面料的创意，从鸡毛到香蕉叶片纤维，从传统的宣纸、白棉布、亚麻到最新的人造纤维，他尝试各种不同的材料创造出各种肌理效果。他的崭新设计风格代表着服装设计未来的新方向。

　　图5-37～图5-40：采用不同纹路的压褶处理面料，再赋予面料不同的裁剪，配合人体的形态，创造出独特的服装风格。

图5-37～图5-40

服装创意面料设计

图 5-41~图 5-43

　　图 5-41~图 5-43：用编织的方法将香蕉皮、无纺布和宣纸等各式材料编织出面料。

　　图 5-44~图 5-46：将完整的面料裁剪成块状，进行折叠缝合，通过重新排列组合形成不同形式的表面肌理。

图 5-44~图 5-46

## 5.5 约翰·加利亚诺（John Galliano）

　　约翰·加利亚是活跃在法国的英国设计师，曾是著名品牌克里丝汀·迪奥的首席设计师。他的设计受到成长环境的多元文化影响，混杂了人物、风格和年代，创造出自成一体的"多元时尚"，从传统的服饰汲取灵感，继承了具有古典怀旧情愫的斜裁技术，而设计理念却颠覆所有庸俗和陈规，纯熟的设计技法将古典浪漫的元素与野性十足的重金属元素糅合混搭，创造出无数令人瞠目结舌的设计作品，是时装界后现代风尚的代表人物。

　　图5-47~图5-49：以传统的绣花、钉珠装饰手法表现出现代设计的抽象点、线条和立体的块面感。

　　图5-50~图5-52：用曾经被人们视为前卫怪异的片状塑胶、皮革等材料组合成创意面料，塑造传统优雅的淑女服装款式造型，颠覆人们对高级成衣的设计概念。

图5-47~图5-49

图5-50~图5-52

服装创意面料设计

图5-53~图5-57

　　图5-53~图5-57：用柔软的面料层层折叠，达到立体的堆积效果，可以塑造出夸张的服装造型。

图5-58~图5-60

图5-61

图5-58~图5-60：将羽毛、珠片和不同质地的面料结合，赋予面料新的表现语言。

图5-61：利用传统褶皱抽缩的工艺处理面料，赋予服装面料立体效果。

## 5.6 克里斯汀·拉克鲁 (Christian Lacroix)

克里斯汀·拉克鲁是以华丽艺术感著称的法国高级时装设计师，他的设计灵感来自18世纪法国的宫廷式奢华服饰，歌剧、西班牙斗牛、戏剧都是他设计的灵感来源，设计风格高贵精致、瑰丽夺目。

克里斯汀·拉克鲁的设计穷尽了所有精美元素，蕾丝花边、繁复的刺绣、珠宝、闪钻、皮草和夸张的羽毛等仿佛不经意地信手拈来，每一款时装的布料、剪裁、刺绣都是高难度纯手工精制而成，极尽奢华，彻底点亮了独属女性的迷幻梦想。

图5-62、图5-63：浪漫飘逸的透明蕾丝和雪纺纱面料上点缀各式花朵。

图5-62、图5-63

服装创意面料设计

图 5—64～图 5—66

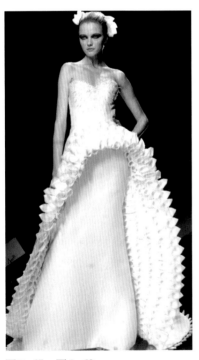

图 5—67～图 5—69

图 5—64～图 5—66：繁复的金银丝刺绣，璀璨夺目的宝石与艳丽的绣花完美结合，极尽手段再现法国宫廷服装的雍容奢华。

图 5—67～图 5—69：利用折叠面料形成立体效果，使服装形成各种造型。

图5-70~图5-72

图5-73~图5-75

　　图5-70~图5-72：立体贴花效果，单片的花朵造型经过层叠的堆砌，恰似飞舞的蝴蝶,蕾丝、花边、钉珠等不同材质塑造出栩栩如生的繁花，给僵硬的线条增加活跃气氛。

　　图5-73~图5-75：在丝绒面料上做雕花绣处理，再将雕好的绣片镶配在透明蕾丝或彩色缎面上，产生强烈的质感对比，更加体现出制作工艺的精致细腻，凸显服装的雍容华贵。

# 第6章　主题作品欣赏

## 6.1　艺术作品欣赏

### 一、主题——《荷塘月色》(图6-1~图6-16)

作者：杨颐

尺寸：79cm × 104cm

材料：亚麻、柯根纱、棉、线

作品说明——作品的创意灵感来源于朱自清先生的《荷塘月色》，曾经怀着无比的向往走进清华园，希望能寻找记忆中的淡淡忧郁，结果却若有所失。依稀还记着大师笔下那闪烁着幽幽银光的荷叶，如同仙子穿着舞裙，在寂寞的月光泼洒中翩翩起舞。

工艺说明——作品采用染色、烙烫、绗缝及多种绣花技法，对亚麻、柯根纱、棉等面料做了各种试验，最后结合面料与工艺的特性，重新描绘印象中的荷塘月色。

图6-1、图6-2 创作
效果图与作品完成图

创作过程：

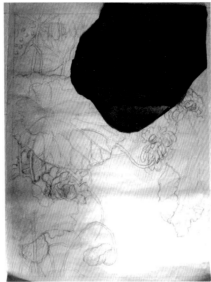

图6-3~图6-9 创作过程

服装创意面料设计

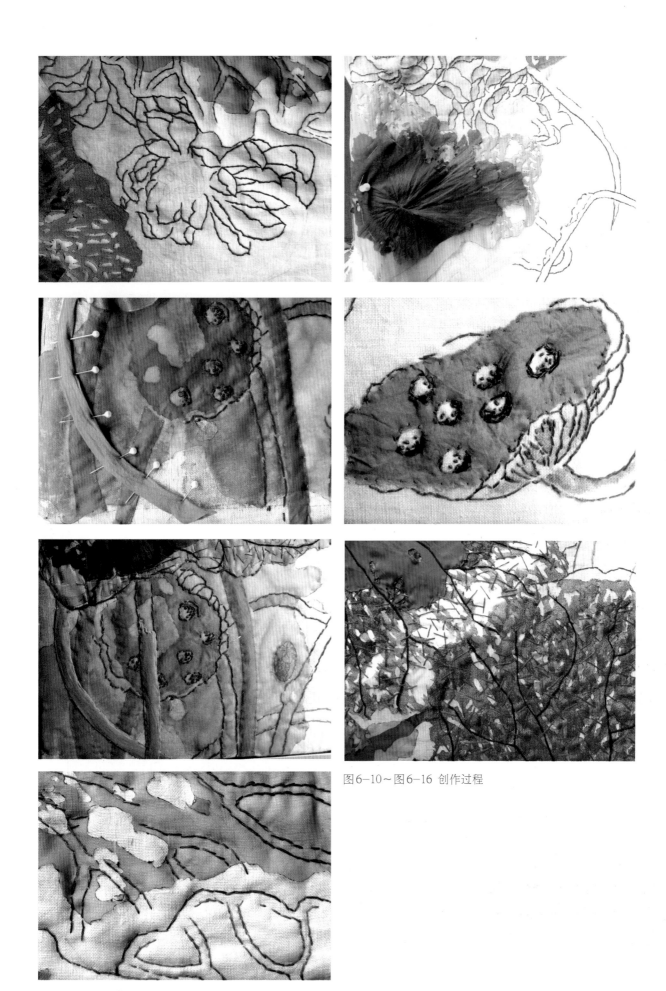

图6-10~图6-16 创作过程

## 二、主题——《菊珊瑚》

作者：林绮芬

作品说明——我们经常会见到一大堆废旧的衣服被扔掉，好不可惜。如何化废为宝呢？当我第一眼见到奇妙的菊珊瑚，好似见到神造的罗纹袖口。剪下废旧衣服上的罗纹袖口，稍微加工，它们就能成为人造的菊珊瑚了。

工艺说明——采用棉质罗纹袖口，通过缝制和填充棉絮完成立体造型。再用活性染料染色，以模仿天然的紫色菊珊瑚色彩。

图6-17、图6-18 灵感来源图（菊珊瑚）

制作方法（图6-19～图6-22）：

图6-19～图6-22

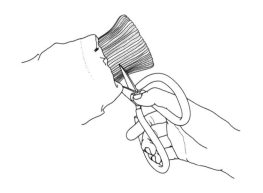

服装创意面料设计

图6-23 成品（局部）

图6-24 完成作品

## 三、其他艺术作品

图6-25～图6-31这些创意面料艺术作品中，艺术家们运用了各种各样的创意手法，将纺织材料的特性发挥到极致，唯美的色彩与巧妙的工艺结合，淋漓尽致地表达出作者的艺术构思。

图6-25：面料的色彩变化和褶皱的密度对比形成美丽的节奏感。

图6-26：利用多层面料裁剪，并用手针缝和固定出花瓣造型。

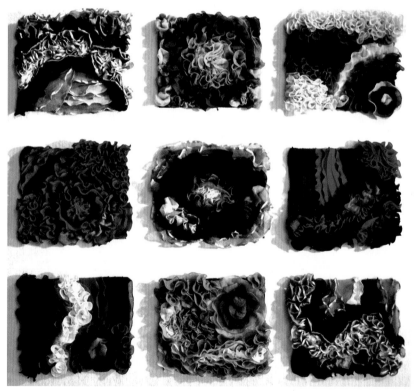

图6-25 创意面料艺术作品

图6-26（作者：刘海燕）

图6-27（作者：胡娜珍）

图6-28（作者：郭川）

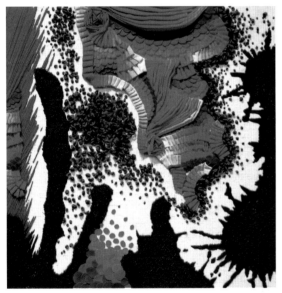

图6-29～图6-31（作者：邓淑瑜）

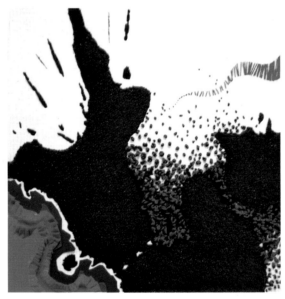

　　图6-27：用雪尼尔毛线的柔软质感配以中间点缀的贝壳，重现海底珊瑚礁的表面。

　　图6-28：用色彩渐变的面料堆叠，放射的造型表现火焰燃烧的炙热。

　　图6-29～图6-31：用不同的材料组合出现代水墨的涂鸦效果。

## 6.2 服装创意面料设计

### 一、主题——《游园惊梦》（图6-32～图6-43）

作者：陈香、郭诗纯

灵感来源——花、干草、枯枝、雾，被时间遗忘的褪色影像，梦一般的美丽，是现实，还是幻象，亦或是记忆的残片与现实的重叠？浪漫怀旧的气氛，浅淡柔和的色调，精致而高贵的感觉，终于发现，这一切简单而真实地存在着。

设计说明——也许只有一丝一丝渗透，积淀了我们情感的传统手工，精致而温暖的织物才能充分表达我们想要的东西。从一根纱线开始着手研究和设计，从源头开始去把握整体，通过不同的方式进行设计尝试，经过细节上的点滴累积，在不断的磨合中，确定了主题的概念思想。将精致的手工融入到简单的造型中，以丰富的米白色调、咖啡色调烘托柔和协调的气氛。

工艺说明——毛织材料其实比梭织材料具有更大的创意空间，它可以通过组合各种元素，包括皮毛、珠球、钉珠等装饰物达到理想的效果。而可剪裁的针织面料和其具有的特性更拓宽了它的运用范围和创意空间。本系列设计以针织为主，梭织为辅。注重对材料的创新及运用，探索材料的质感和肌理表现。尝试多种材料的组合。运用粗细棒针、钩针等各种针织工具尝试毛织、珠绣、丝带绣、钩花、编织等各种加工手段。通过线与线的交织、纱缎与线的缠绕、线与珠的穿插、蕾丝与钩花的拼贴，对针织原本有限的思路逐渐被打开。从服装材料传统的表现手法中跳出来，为主题设计创造更加丰富的表现手段。轻薄材质的堆积、温暖的蓬松感和镂空精致的钩织片等等都很好地表现了主题。

图6-32、图6-33 《游园惊梦》主题服装创意面料设计

图6-34~图6-36 《游园惊梦》主题服装创意面料设计

服装创意面料设计

图6-37～图6-40 《游园惊梦》主题服装创意面料设计

图6-41~图6-43 《游园惊梦》主题服装创意面料设计

## 二、主题——《潘神的森林》(图6-44~图6-48)

作者：陈丽灵

灵感来源——该系列服装设计的灵感来自电影《潘恩的迷宫》里神秘的森林以及生活在森林里的精灵，光与影、树藤、绿叶和精灵等元素是设计师构思的着眼点。

图6-44 《潘神的森林》主题服装创意面料设计

工艺说明——在创作中大量采用编织工艺，手工编织的毛线粗犷随意，与飘逸层叠的雪纺纱裙形成强烈的质感对比。

图6-45、图6-46 《潘神的森林》

主题服装创意面料设计

图6-47、图6-48《潘神的森林》
主题服装创意面料设计

服装创意面料设计

### 三、主题——《海岩》（图6-49～图6-52）

作者：张向莹

灵感来源——该系列服装的灵感来源于大海与岩石。遥望灰色的大海与天空，听海浪拍击岩石的声音，还有海浪退去后沙滩上留下的闪闪贝壳……。

工艺说明——服装通过不同材质的毛线编织而成，表现海水和岩石的印象，细节部分加入贝壳的碎片作为装饰点缀，与主题呼应。系列作品中还穿插运用了部分比较挺括的呢子面料，以体现岩石给人的坚硬感觉。

图6-49～图6-52 《海岩》灵感来源图

图6-53 《海岩》主题服装创意面料设计

图6-54～图6-56 《海岩》
主题服装创意面料设计

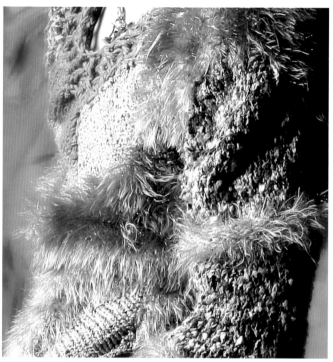

服装创意面料设计

图6-57、图6-58 《海岩》主题服装创意面料设计

## 6.3 家居产品创意面料设计

### 一、主题——《蜕变》（图6-59～图6-65）

作者：代允涛

灵感来源——设计的灵感源于浅海底下的珊瑚群，阳光照射下的波光粼粼掩影在五彩斑斓的珊瑚上，散发出奇特的光彩。

图6-59 《蜕变》家居产品创意面料设计

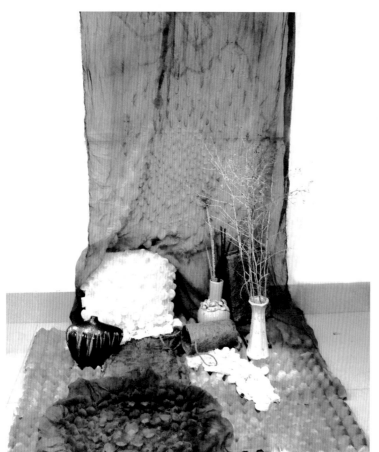

图6-60～图6-63 《蜕变》家居产品创意面料设计

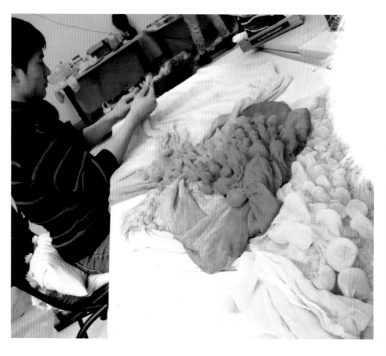

　　工艺说明——设计的构思以面料创意为出发点，意在突破材料的常规形态，采用传统的扎染工艺与自然晕色的方法，并尝试利用圆形木珠做造型将面料加温加压塑型，使二维的面料形态变成三维立体形态。

图 6-64、图 6-65 《蜕变》家居产品创意面料设计

图 6-66～图 6-68 《尤物》灵感来源图

## 二、主题——《尤物》（图 6-66～图 6-84）

作者：纪少文

灵感来源——设计灵感来源于作者对神秘海底的好奇，生物本能的反应总让人琢磨不透，寻找生物的灵性，希望通过产品的设计模仿生命的微妙变化，让家居更贴近自然，给生活增添趣味。

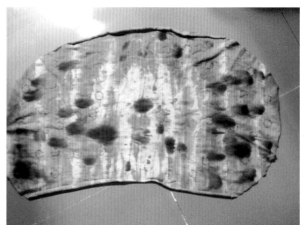
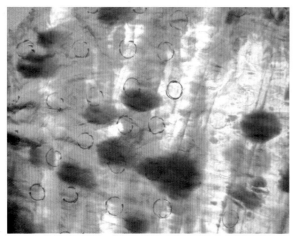
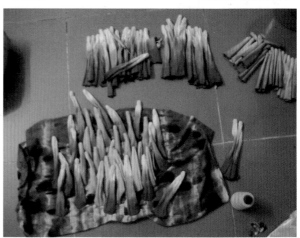
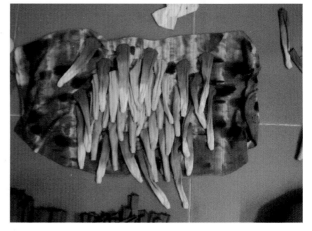

图6-69～图6-75 制作过程

　　工艺说明——该系列作品的特点是将传统的扎染工艺和LED光控技术结合，用有机玻璃珠子缠入面料做立体造型，再进行染色处理，最后在珠子中间安装LED灯光控制系统，沙发坐垫的成品在暗处时会时亮时暗地变换发光，仿似幽暗海底的珊瑚礁。

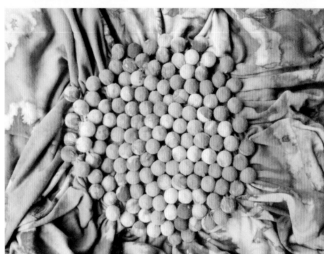

图6-76～图6-81 制作过程

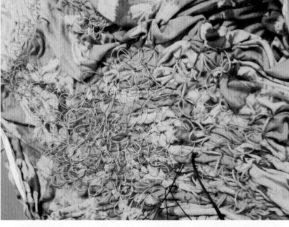
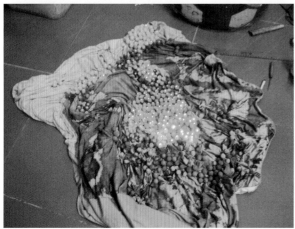

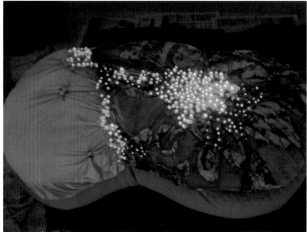

图6-82、图6-83 制作过程

图6-84 成品展示

## 三、主题——《馨语》（图6-85～图6-89）

作者：黄先旺

设计说明：作品旨在营造温馨的家居环境，以家纺产品为载体进行的产品设计。作品结合简欧式莨苕叶纹样，将传统古典纹样用新的材料与工艺重新组合。用激光切割结合电脑绣立体绣花工艺，将羊毛毡材料用激光切割按照设计好纹样分层切割出多层布片，再用电脑绣花机做定位绣，对不包边的贴布绣花工艺的探索和尝试。

服装创意面料设计

图6-85～图6-89 成品展示

## 四、主题——《铁网上的花儿》（图6-90~图6-96）

作者：邝海天

设计说明：以写实花卉做几何针法，复古的洛可可图形结合新材料，产品以几款四方连续的铁丝网绣花面料呈现，尝试使用PVC片材、铁丝网等材料与电脑绣花工艺结合，探索新材料与传统图形，传统工艺结合的效果。

图6-90~图6-93 成品展示

## 五、主题——《幻》（图6-97~图6-102）

作者：邝海天

设计说明：本案以错视图案的视觉原理及其独特的趣味性作为设计的灵感来源，通过对错视图案一些特征进行分析，从图案、色彩、材质、工艺、造型五个角度考虑，运用重复并置的设计手法，营造出图案的节奏感以及韵律感，同时结合电脑绣花和激

图 6-94～图 6-96 成品展示

光切割两种工艺的特性进行综合的设计应用与表达，试图将观者带入错视迷幻的世界，以此探索错视图案、电脑绣花和激光切割工艺三者综合应用于家纺产品设计中的可能性。

图 6-97～图 6-102 成品展示

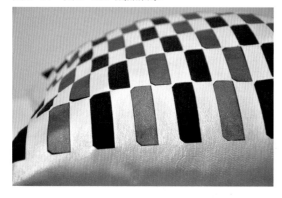

## 六、其他家居艺术作品

下面这些家居品用中，设计师们运用不同的创意手法，巧妙地将独特的纺织材料与造型工艺结合到一起，创造出各种新颖时尚的生活产品。

1.抱枕（图6-103～图6-106）

图6-103～图6-106 抱枕设计中创意面料的应用

2.坐具（图6-107～图6-109）

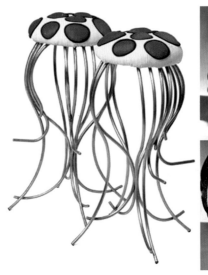

图6-107～图6-110 坐具设计中创意面料的应用

服装创意面料设计

图6-109、图6-110 坐具设计中创意面料的应用

## 3.灯饰（图6-111~图6-113）

图6-111~图6-113 灯饰设计中创意面料的应用

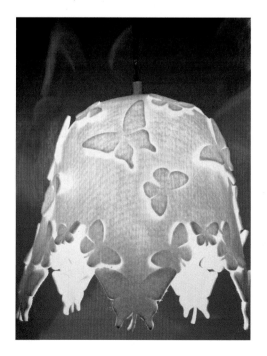

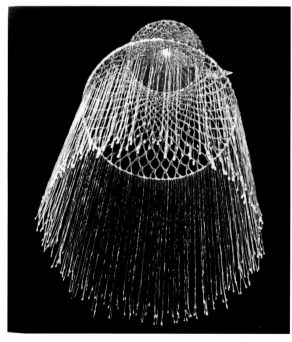

图6-114、图6-115 灵感来源图

## 6.4 饰品设计中创意面料的应用

## 一、主题——《重生》（图6-114～图6-128）

作者：何妍

灵感来源——亘古以来，生命在大自然中生生不息，化蝶重生是万物生长的不变法则，枯树上的藤蔓、朽木上的菌类、石头上的苔藓都是生命重生的印证。《重生》系列首饰设计从菌类和苔藓的外形特点中得到启发，通过面料丰富的材质和肌理诠释生命重生这一恒久而短暂的情景。

工艺说明——在创作中利用灯芯绒、鸽眼绣花棉布等材料的特性进行面料的创意设计。将灯芯绒剪成条状抽纱后层层叠起缝合，模拟木耳的形态；在染色后的鸽眼绣花棉布中填入棉絮，再从小孔里钩出棉絮纤维。通过独具创意的手法惟妙惟肖地再现出生长在丛林里的菌类和苔藓。

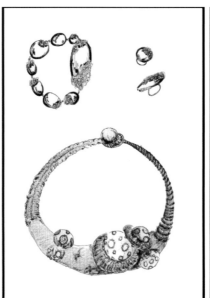

图6-116 设计草图

服装创意面料设计

图6-117 效果图

图6-118 成品图

制作过程：

图6-119～图6-121 制作过程

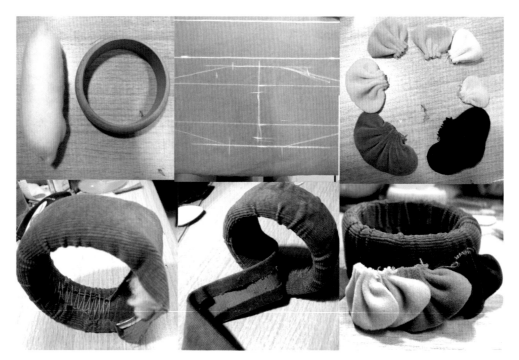

图6-122 制作过程

成品照片：

图6-123～图6-125 成品照片

服装创意面料设计

图6-126～图6-128 成品照片

## 二、主题——《星空》（图6-129～图6-132）

作者：刘欣然、姚春仙、李雨欣

设计说明：设计灵感源于星空，运用点、线、面法则，使用羊毛毡、钉珠、纱布等材料，采用绗缝工艺制作完成。

图6-129 设计灵感图

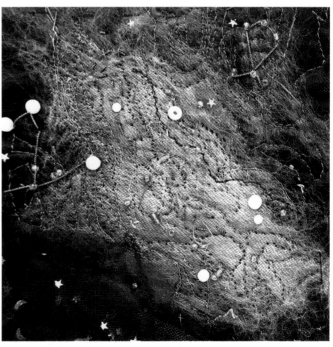

图6-130 用黑色底布打底，再贴好羊毛毡盖上纱布。用缝纫机缝出线迹，手缝串上钉珠

图6-131、图6-132 成品图

## 三、主题——《油彩》（图6-133~图6-138）

作者：刘黄秋燕、陈颖琦、何栩滔、容颖师

设计说明：灵感来源于衣服油画的局部效果。作者利用表面不同肌理的面料进行拼接、手工钉缝及车缝的线条来表达点、线、面的构成效果，再将效果运用在帽子、包袋等系列饰品上。

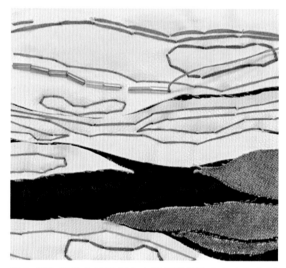

图6-133 在黑色绒质底布上摆好剪好的白色皮和牛仔布，用彩色的线缝好，固定位置

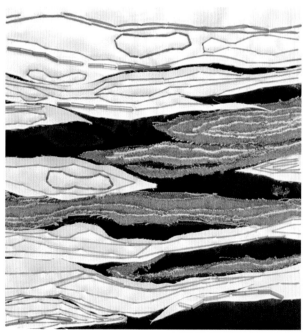

图6-134 在牛仔布上车线，用绗缝的技法，按照图片上线条的走向，用白色的线车一遍

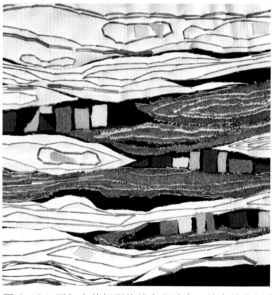

图6-135 再加上剪好形状的各色绒布，缝合装饰细节

图6-136~图6-138 成品图

## 四、主题——《锈迹》（图6-139~图6-146）

作者：黄秋燕、李彩芳、朱玲珊

设计说明：设计灵感源于铁皮的锈迹：运用形式美法则来进行点、线、面的分布，运用色彩的对比，适用材料棉、牛仔布、珠子、羊毛毡，通过绗缝、拼贴等工艺重新创造。

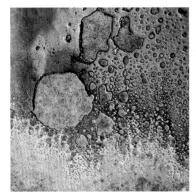  

图6-139 灵感来源：铁锈　　　图6-140 挑线　　　　　　图6-141 烧洞、拼贴、车缝

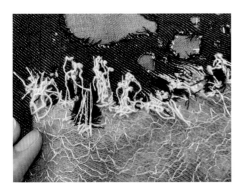 

图6-142 缝羊毛毡、钉缝　　　图6-143 效果图

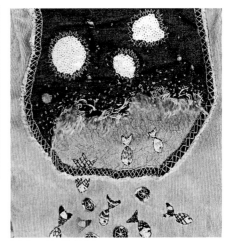

图6-144 效果图

图6-145、图6-146 成品图

服装创意面料设计

# 后记

　　本书通过对面料再造设计的市场需求分析,对面料再造教学理论的探讨以及教学过程的实例分析等,对该课程的设计与执行进行了详细的总结和论述,从而说明这门课程是完全可行和必要的。它的实效性具体表现在以下几点:首先,学生通过课程可以培养设计创作的习惯,学习如何收集整理资料,安排设计步奏以及表述设计构思的方法。第二,通过课程培养和开发学生的创意思维,激发设计灵感。第三,通过设计小组共同设计过程培养学生的团体精神,使他们学习团体合作的方法,同时也增强对自己能力的了解,发现自身的问题。第四,是完成了课程的最直接的教学任务,即通过一系列的教学过程,学生们最后交出了具有奇思妙想的作品,作为本课程的最终表现形式。

　　现代艺术设计的核心在于创造力,设计教育目标是引导学生自己独立研究、发现规律、完成设计方案。在高速发展的现代社会中,知识和资讯每隔几年就会被更新替代,教会学生学习思考的方法和更新知识的能力要比教会他们某些具体的知识和技能会更有实际意义。面料再造课程对创意思维和设计方法训练的实践,有助于培养学生知识的自我更新能力和创造的原动力,是实现现代设计教育目标的一种有效尝试,希望这里的实践和探讨对服装及纺织产品设计课程设计具有参考意。

**参考书目**

1.浙江省团校课题组.青年与社会思潮研究.中国青少年研究网，原载《共青团中央青少年和青少年工作研究课题成果集萃》(下卷.2002)，共青团中央宣传部，中国青少年研究中心编，北京：中国青年出版社，2005

2.陈燕琳,刘君.时装材质设计.天津：天津人民美术出版社.2002

3.顾鸣.艺术染整,2005中国纺织产品开发报告.国家纺织产品开发中心、中国纺织信息中心编,2005年版。

4.龚建培.现代服装面料的开发与设计.成都：西南师范大学出版社，2003

5.顾鸣.艺术染整探议－现代扎染综述,《东华大学学报》社会科学版,上海：东华大学出版社,2004,第1期41～45页。

6.[美] Bruce.Joyce, Marsha.Weil.荆建华等译.教学模式.北京：中国轻工业出版社，2002

7.何克抗.创造性思维理论——DC模型的建构与论证.北京：北京师范大学出版社，2000

8.段继扬.创造性教学通论.长春：吉林人民出版社，1999

9.郑建启，李翔.设计方法学.北京：清华大学出版社，2006

10.何克抗.教学设计理论与方法研究评论.教育技术通讯网站.原载《电化教育研究》杂志社，1998

11.马大力，杨颐等.服装材料选用技术与实务.北京：化学工业出版社，2005

12.李立新.服装装饰技法.北京：中国纺织出版社，2005